工业风 创意家居

先锋空间 编　名筑图书 策划

复古工业风

北欧工业风

简约工业风

中国林业出版社

序言

工业风起源于二十世纪五十年代的欧美国家，最早是由那些用废旧的工业厂房或仓库改建而成的，带有居住功能的艺术家工作室。后来逐渐演变成为一种独具个性的风格。

最初的工业风往往保留原有工厂的部分风貌，散发着硬朗的旧工业气息，而当下越来越被大众所接受的工业风早已通过考究的设计手法与设计元素的提炼，柔化了最初的粗糙和冷硬。整体风格逐渐变得简单、素雅而时尚，形成别样的轻奢感。这种风格展现的原始质朴、硬朗时尚、自由个性的特质，特别受当代年轻人所喜爱。

在如今这个多元文化并存的时代，人们对于家的功能和定义一再更新，所喜爱的家居的装饰风格也不再拘泥于传统的欧式、美式、中式等大众化设计。裸露的水泥墙、复古的用色、金属元素的运用、

外露的管线、黑白灰色系的运用、新旧家具的混合，这些独特的工业风元素回潮，引领了新的时尚风向。这些特色满足人们对于个性化的需求，同时其功能至上的理念以及灵活开放的空间处理方式也使其更为实用。本书中特别选取大陆及港台最新的经典工业风格住宅案例 40 余例，并图文并茂地从材料运用、空间布局、软装配饰选择、造型元素、灯饰照明以及色彩运用等工业风的设计要素方面全面解析每个案例，让读者展开一场工业风格的独特视觉之旅。书中案例皆选取自知名设计师以及工作室，案例介绍详细精要，并针对案例的每种设计元素进行独立解析，着重讲述工业元素以及材料如何运用于家居空间，并营造舒适个性的空间氛围。

工业风家居风格的粗犷、神秘、冷凝的特色、与同时带有的复古、怀旧味道，定会让读者为之着迷。开阔的空间和沉稳的色调，让人们能够瞬间安静下来，金属质感散发理性粗犷的光芒，斑驳粗粝的肌理讲述着蒸汽时代的故事，让回到家中的人们释放囚禁的心灵，舒展疲惫的神经，不再伪装。通过对于本书的阅读令读者对工业风展开全面的想象，无论你是设计师还是学生，都能在书中找到自己所爱。你一定也想做一个酷咖，拥有一个时尚自由，设计感十足的工业风小宅，那么快打开书开始你的个性之旅吧！

复古工业风

北欧工业风

简约工业风

复古工业风

成功大道－时光

用兼容并蓄的包容、忠于本色的不羁，于明晰构思下寻找新的设计语言，发展出自成一格的美学体系。本案中，羽筑空间设计以「Loft 风」及「怀旧感」为题，揉合「现代北欧」的家具形式，以一种新形态于空间酝酿发酵，坐卧其中，就能感受过去与未来、精致与粗犷、冲突与对比，让所有生活界面，都充满着层次及感动。

项目地点：中国台湾省竹北市
项目面积：82 平方米
设计机构：羽筑空间设计
主设计师：谢榕宸　龙依璇
摄影师：heycheese

平面布置图

主要材料

木作涂装皮板、铁件、系统板、木地板、清水模漆

材料运用

客厅采用裸露的红砖作为电视背景墙，局部白色的墙面制造一种老旧假象，呈现出斑驳的岁月质感。在墙面蜿蜒曲折的金属管线与在吊顶交织纵横的塑料管道互为联系，营造出工业风自然朴素的氛围；餐厨区域运用六角形壁砖张贴台面，搭配拥有木质搁板的铁艺收纳柜，让空间独特又饶有情趣。

采光照明

本案运用开放的公共场域例如餐吧区等，以及敞开的落地窗来塑造一个开敞通透的室内空间，这样有利于引进光线，增强室内的自然采光。客厅采用裸露的红砖墙作为主电视墙，黑铁打造的长方形铁框悬挂着高高低低的萤火虫吊灯，点点星光铺陈出浪漫温馨的氛围；另一边再点缀上从吊顶延伸而出的水管壁灯，实用性与装饰性兼具，观赏性能可谓绝佳。

家具搭配

客厅中心黑色的皮质沙发是打造工业风常用的家具，沙发右手角落的老式唱片机，设计造型经典，外形淳朴单纯，勾起人们的怀旧情绪。左手边电视机造型的小柜体现复古风情的同时也显得趣味十足，旧手提箱式的茶几赋予空间旧日情怀的同时，也不脱离实际的日常应用。

空间规划

开放的餐吧区，做为一个复合式的空间组合，右侧的中岛规划，拥有强大的收纳与轻食机能，左侧的餐厅则兼做书房，其餐桌也具备工作书桌等多种用途。设计师利用完整且开放的公共场域，成功铺述个性强烈、让人过目难忘的居家场景。

竹东生态城

以往打造工业风设计常以黑色铁件为呈现手法，却让室内空间变得沉重，于是羽筑空间设计反其道而行，依照年轻夫妻喜爱的工业风和明亮感设计，调整颜色的运用，在水泥墙上加入白色和绿色墙面，打造清爽感同时减少压迫，一改工业风的陈旧印象！整体空间的营造上也融入不少英伦元素，例如客厅内英国旗帜图案、铆钉桌子和沙发抱枕，以及斜纹木质地坪，都呈现出英式工业风氛围。

项目地点：中国台湾省新竹市
项目面积：150 平方米
设计机构：羽筑空间设计
主设计师：田志杰
摄影师：刘欣业

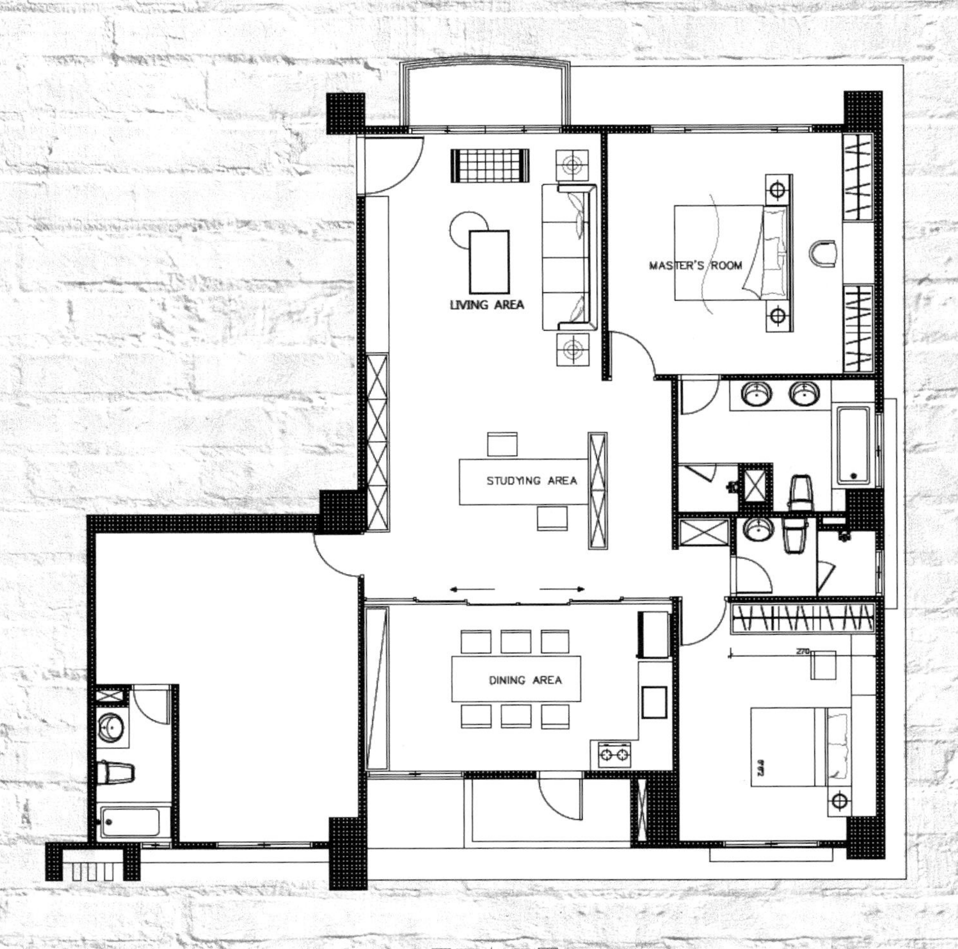

平面布置图

主要材料

涂装皮板、铁件、实木、泥作、超耐磨地板

材料运用

整体空间地板采用水泥粉光，墙面以水泥墙为主，加入局部裸砖墙以及白色、绿色墙面，打造自然清爽感。其中，客厅运用斜纹木质地板，带来丰富的视觉观感，搭配上特色铆钉桌子和沙发抱枕，呈现出美式工业风氛围；餐厅餐桌上方吊架结合铁网与铁件，再以木质包覆，制造出别具一格的轻盈感。

LONDON

设计说明

150平方米的空间内，从原先的四房格局变为三房，设计师拆除原先厨房与小书房之间的隔间墙，以玻璃拉门取代，营造出宽敞的大餐厨区，小书房则移至现在的客厅与餐厨区之间，开放式的格局，让原先阴暗的中段空间瞬间拥有充足的采光量；为呈现出明亮感，羽筑空间设计双管齐下，也在色调做了变化，连接私领域和客餐厅区的壁面以绿色为妆点，与绿色坐垫的餐椅相呼应，同时运用灰色、咖啡色调搭接，平衡空间的冷调。

而工业风不可缺少的铁柜，藉由浅色木纹和铁网，玩出不同工业风独特感受，譬如餐桌上方的吊架，结合铁网与铁件再以木质包覆，轻盈感瞬间提升。地坪除了使用水泥粉光外，在客厅与阅读区有不同的呈现，并以英国精品品牌的经典格纹为灵感，透过木地板做成斜纹拼贴，带来多种视觉变化。

空间规划

为了营造工业风给人带来的明亮大气印象，设计师将原本的四房拆除改为三房。原本靠近厨房的小书房被拆除，营造出宽敞的大餐厨区域。餐厨与客厅之间被打造成开放式的小书房，并且用不同颜色、材质的墙壁及收纳架作为区域划分，玻璃推拉门代替墙体，隔断餐厨与小书房空间，同时让三个功能区域的光线彼此交融，原先阴暗的中段空间瞬间拥有充足的采光量。

采光照明

设计师采用拆除隔间墙的手法，将室内改造成开放式格局，让原先采光不足的中部空间，也能拥有丰裕的自然采光。室内客厅木质桌几搭配的两盏工厂灯，体型庞大的它们极具工业时代的年代感，为主人休憩看书提供了绝佳的照明条件。

混搭轨迹

此案运用材质细节，表现优雅比例与品味，以轻盈流畅的格局动线，为新婚夫妻描绘理想中具有质感的生活样貌。屋主向往打造一处具有质感的轻工业风雅居，除了屋主期许有独立的阅读空间、主卧更衣室及另一处独立更衣室，在设计讨论中，还从格局与设计手法，在轻工业风格中注入精致感，刻画简约的优雅线条。

项目地点：中国台湾省竹北市
项目面积：165 平方米
设计机构：庵设计店
主设计师：陈秉洋
摄影师：李国民

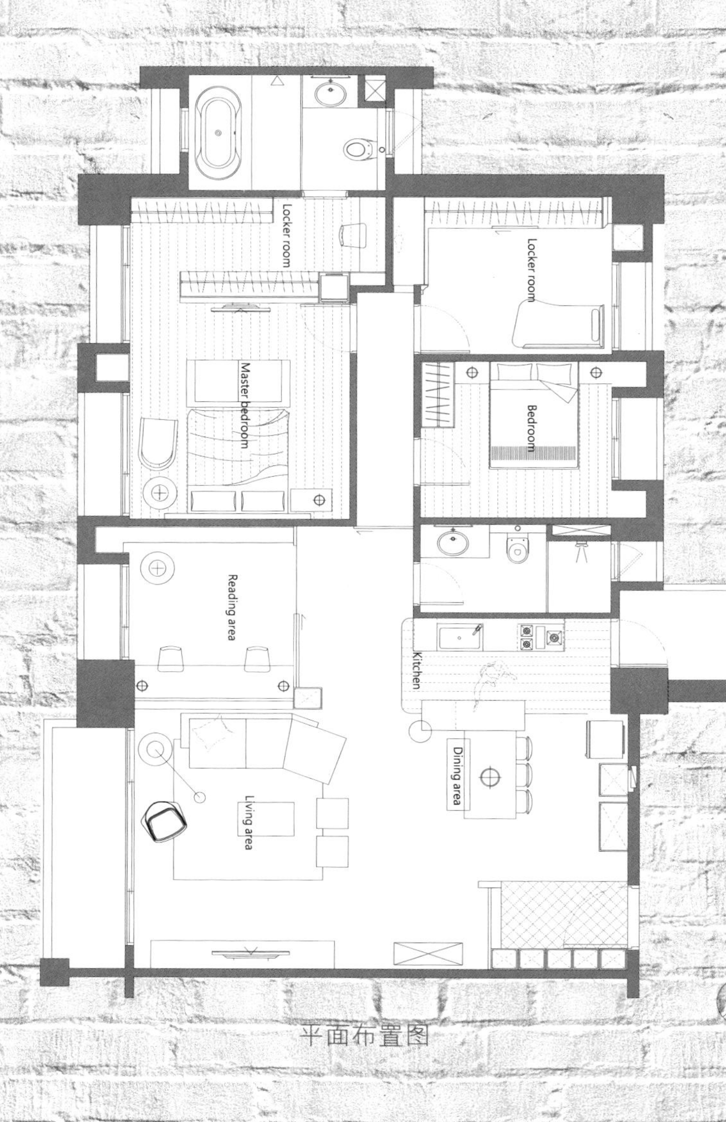

平面布置图

主要材料

实木、涂装木皮板、铁件、塑合板、玻璃、烤漆、超耐磨木地板

1964

空间规划

原本空间格局较为狭隘，在空间重新调配中，将客餐厅连成一气，为公共场域营造开阔的生活视感，走入大门，透过铁件的跳跃性与玻璃的风格感，让六角砖的趣味感延伸。拉开书房旁的实木拉门，即是通往卧室与更衣室廊道的端景，隐约可透出特别设计的婚纱橱窗。独立更衣室的婚纱橱窗装着新娘一生最美最幸福的一刻，展现在独立更衣室的一处；不同的更衣空间，在光导引的指示下，延伸入内。

家具搭配

靠近门旁的墙面柜体使用肌理粗旷的 OSB 板材，不仅节省预算，结合钢管效果，也能为机能柜增添细节。开放式餐厨空间收整于同一侧面，搭配上方悬吊的金属置酒架，形成空间中略带个性的设计，而餐桌更是为了好客的屋主，订制活动时可抽拉使用的木餐桌，容纳多人聚会时使用。

EVERY
THING
OK
RIDE TO LIFE
1964
STAR WARS

轻暖工业风

立体凹凸的碎石地坪抹去脚底扬尘，极具原始粗犷质感的竹节钢筋，在视线末端交错出艺术姿态，伴着绿意的阳光越过模糊内外边界的阳台涌入，在浓厚工业风情的设计案中烘托自然人文意涵。从前卫的黑白时尚到温暖的自然人文，设计师马健凯再次跳脱舒适圈，以工业风格再创全新的品牌定位。

项目地点：中国台湾省台北
项目面积：99 平方米
设计机构：界阳大司设计

主要材料

金属、铁件、木皮、木地板、绣铁、进口砖、洗石子

KEEP
CALM
AND
CARRY
ON
PARIS

空间规划

玄关处透过碎石地坪的段落分野，以及如装置艺术般的竹节钢筋端景，分界出玄关独立意象，独立拉出规划的卫浴面盆、镜面，以及位于场域过渡间的展示平台规划，丰富了廊道的行进风景。电视石材墙面与窗边架高地坪向外延伸衔接阳台，模糊内外交界，让空间感更为放大。以艺廊概念打造的廊道左右分列展示平台，也成为界分卫浴与书房的中介。木地板纹理向内延伸衔接主卧房门片，拉伸视野并隐藏门片，达到空间放大与简化零碎线条的效果。

采光照明

大尺度的阳台设置，让室外阳光的光辉倾泻而下；厨房水泥粉光墙面上运用开孔的方式，不仅仅引入了室外光源，更是让厨房等空间视野得以延伸。移步室内客厅，一盏超大型的投影灯如同具象化的工业风形象，粗大的支脚充满钢铁般的冷酷，搭配上做旧皮质沙发、各色特色抱枕以及木质桌几，非常有工业风的感觉。

设计说明

灰漆与石头漆蔓延到墙面与天花，层迭出视觉以上的空间层次，偏冷冽的用色基底，另在木地板的质材与色系平衡下，折衷出宜居的场域温度，另运用石材、铁件、木皮与家具家饰等元素，织构出粗犷偏暖的工业风格取向。与客厅开放规划的餐厨区，以仿旧木质中岛界分场域独立意象，界阳 & 大司室内设计精密计算承重力学与克服施作困难，在水泥粉光墙面上开孔、引入室外光源，不仅让厨房视野得以延伸，更创造结构、冲突美感。

串接公私领域的廊道上涵盖书房与卫浴机能，呼应对向的墙面展示规划，马健凯设计师运用仿锻面 H 型钢与玻璃、木作，在场域过渡间构筑一方艺品展示平台，而独立拉出面盆与镜面的卫浴也另砌洗石子台面，搭配竹节造型水龙头与原石面盆，拉阔过道空间感外，更是以艺廊概念丰富廊道风景。

简约利落的主卧房采用皮革绷皮及钢刷木皮构筑视觉主景，设计师马健凯另订制仿木纹板模墙面，经过困难且繁复的施作工序，画龙点睛出令人眼前一亮的阳刚工业风。

家具搭配

厨房以木质中岛桌独立空间意象。位于窗边的畸零段落安排入特制仿旧水管与爱迪生灯泡，佐搭一张舒适单椅，构筑一个人的休闲角落。木皮与白漆高低错落矮柜，搭配大型悬吊式柜体与镜面，兼具收纳实用性与视觉美感。皮质复古沙发搭配同色系茶几，展现出岁月经过洗礼后的独特魅力。

材料运用

客厅灰漆与石头漆延伸至墙面与天花之上，层迭出丰富的层次感，偏冷色系的用色基调，在木地板的材质与色系的对比之下，平衡空间暖度的同时，让工业风也一举到位。开放式的餐厅区域则以充满复古气息的仿旧木材作为中岛界分区域场所，搭配上白色的水泥墙，突显出木材与石材的自然美感。

重庆桃源居样板房B户型

设计师要将60平米左右的小型公寓格局进行重构、组合，打造一个动感十足的年轻户型，是我们这次设计的宗旨。

在空间的整理上考虑了展示与居住的更多可能性，对生活、学习、娱乐的功能不足进行重构并弥补完整。旨在通过密集的排列功能营造空间氛围。冲撞性家居陈列组合令客厅、餐厅、书房成为一体式的设计。使空间多元、摩登，体现当代年轻人追求速度与激情的生活方式。

项目地点：重庆市
设计机构：优加观念设计
项目面积：70平方米
摄影：深圳优加观念

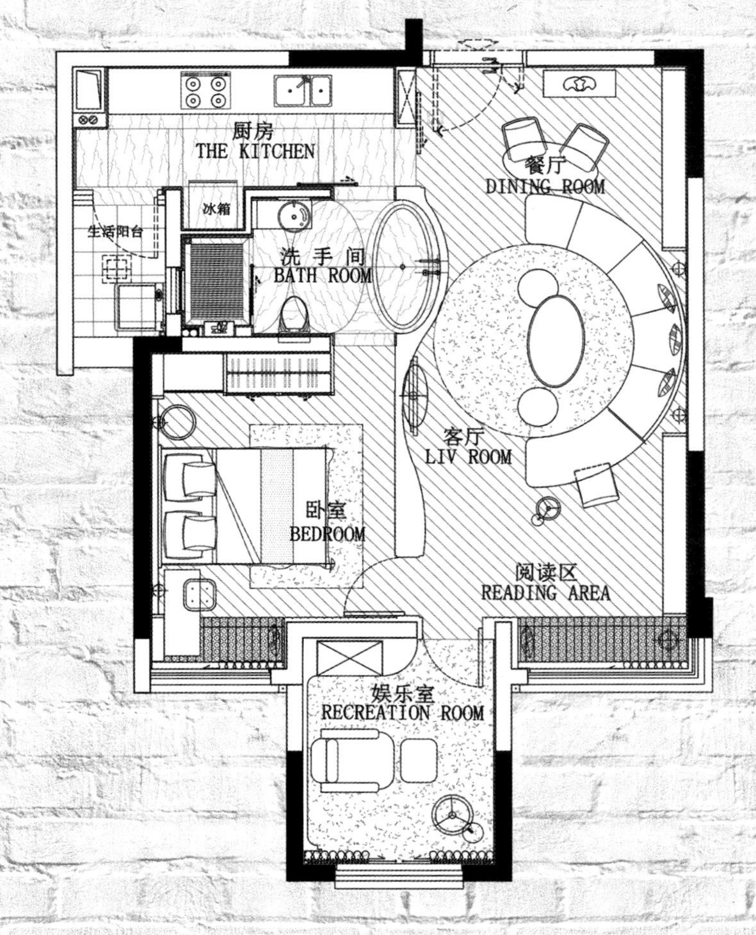

平面布置图

主要材料

木纹黄大理石、白尼斯木饰面、玻璃、古铜青、仿古镜、图案喷绘

New colors
RACING
BOSCH
New colors

空间规划

对于小户型，或许需要很多巧妙的收纳方式才能完善整体功能，空间虽小，也可以通过收纳的方式来起到装点和丰富的效果。对于该户型整个狭长矩形客厅来说，设计师在一面墙上设计了成整幅壁柜架子，方便主人摆放展示收藏品；另一面墙顺应屋内功能安排设计成流线型圆弧墙面，将就了墙后洗手间的椭圆浴缸的摆放，同时通过流线型带弧度的墙面中和了大量壁柜架带来的呆板。走进客厅，弧形的墙面和大面积壁柜以及客厅中的弧形整体式沙发带来了强烈的视觉冲击，让人耳目一新。

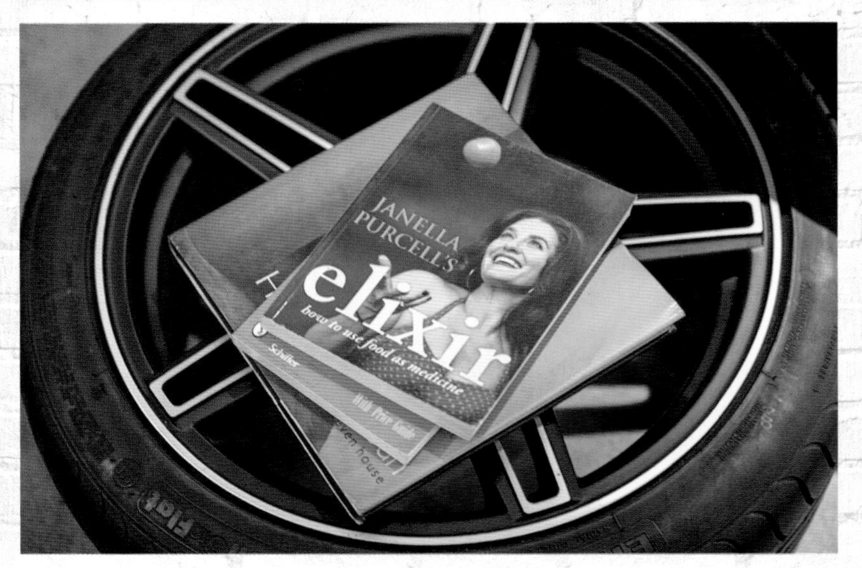

家具搭配

卧室主要有两部分，落地顶天的衣柜，以及床头墙壁的大面积置物架，既与客厅达成协调统一的风格，又充分发挥了小卧室里每一寸空间。床两边的床头柜与置物架融为一体，是一物多用的功能型家具。为了避免巨幅衣柜门带来的视觉拥堵感，采用了同色系玻璃镜面的材质，反射出窗外的风景，又不足以喧宾夺主，给人优雅精致的感觉。

FIFTY STATES ONE UNION
I AM A
DEEPLY
SUPRFICIAL
PERSON
Warhol
ART
DOESN'T
HAVE 2
MATCH
THE COUCH

软装配色

整套户型从客厅到卧室选择的都是低调华丽的深咖色，奶茶色和白色顶棚的搭配，整个色彩深沉且稳重，不乏给人过于呆板和严肃的感受，为此设计师在客厅弧形墙面处理上用心良苦，通过细细的条纹打造出变化丰富的肌理感，并加以搭配一些金属质感夸张时髦的吊灯，摆放一盏摄影工作室用的照明落地灯，暖色系壁画来活跃氛围，突破深色系空间的沉闷，不经意间流露出时髦与情趣。

成形知居

水泥的质感，还原建筑脱膜后的纹理，搭配木头调性，将空间还原至自然与内敛。

成形与无形，建筑由平地自起，因不同地利，产生无限想象，考验着设计与使用者的决定性，无限的包容可以形塑自我的风格与格局。

透过不断追逐各类媒材的演进，独树一格，无关风格走向展现无形，结合不同材质变化逐渐孕育成形是此案的思考重点。

项目地点：中国台湾省新竹市
项目面积：240 平方米
设计机构：庵设计店
主设计师：陈秉洋
摄影师：李国民

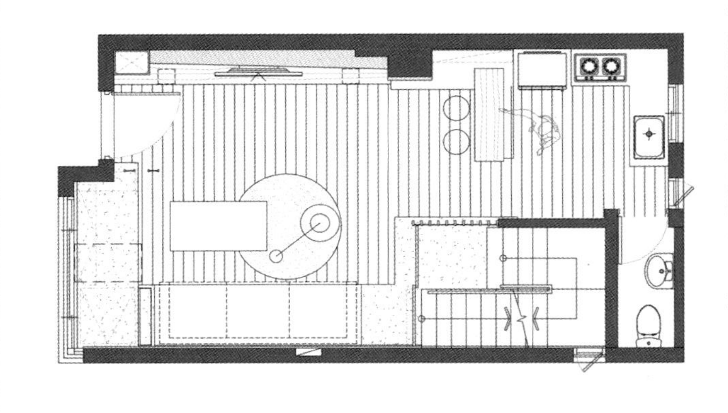

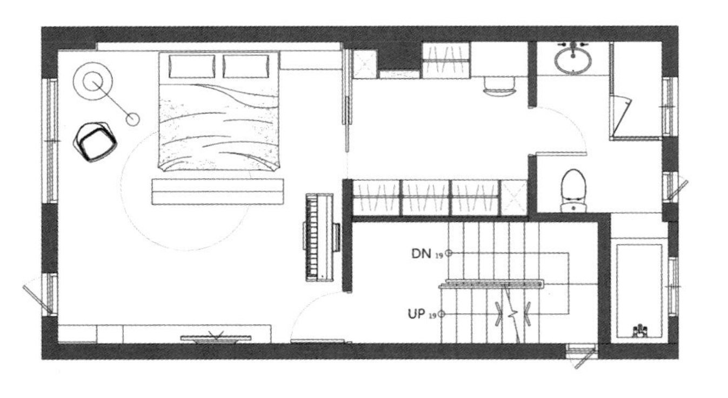

平面布置图

主要材料

实木、涂装木皮板、铁件、防潮塑合板、玻璃、烤漆、户外骨材、自平水泥、文化石、超耐磨进口木地板

设计说明

由外而内的思考，室内充满着想像，更接近使用者的观感，透过手感墙，一种温度的显现，材质也是生活中不可失去的个性。阳光的通透性，将柔光带出墙面的延展与独特效果。

吧台采用多向度的想法，可任意旋转，应使用而改变实木粗旷的纹理走向，并放慢步调的漫活，企图让居住者随性而改变空间的多层次。

藉由降板的效果，延伸至卧榻，使得空间的整合性提高，以手感墙慢慢引领至三楼主卧房，硬装修将空间拉至最大，使休憩与睡眠是纯朴素质的呈现。

材料运用

设计师在整个空间采用裸露的天花板搭配木质地板，工业风特色十分显著。其中，客厅局部墙面富有手感效果的水泥墙，摆放上各色装饰画，再搭配黑色的沙发，工业风特色非常突出；餐厨区域采用原木色木墙面搭配深色木吊顶，与深色桌几遥相呼应，搭配铁件玻璃推拉门，呈现出丰富的层次效果。而吧台则结合实用性与装饰性，试图改变实木自然的纹理带来的粗犷，搭配上富有悠闲韵味的装饰画，让屋主放慢现代生活紧张的步伐。

空间规划

本案一楼为车库，二楼为主要空间，设计师刻意的设计让入口产生两种视觉效果，由大门入内引进的是利落折线，而后带出吧台区自然实木的温馨居室感受。车库上方入口是细致铁件的线条拉门，并由设计师亲自手作的手感墙延伸至卧榻区，并使用降板的概念，将客厅空间增大。

芦竹

项目地点：中国台湾省
项目面积：92.5平方米
设计机构：里心空间设计
摄影师：里心空间设计

别被既有格局所限制，符合自己需求的划分，回到家才能真正放松，一进门就被宽阔开放式格局所吸引，这是设计师特别拆除一面墙后的效果，同时也让所有区域加乘放大，大量水泥天花搭配复古气息二手家具、橡木拼接地板、回收木与黑铁框组成的玄关大门凸显空间原始质感，客厅后方摆上书桌与椅子便成了阅读区，以机构组成的 Lampe Gras 壁灯 为空间亮点，灯臂可随意伸缩，还能做作为台灯使用，部分墙面以文化石点缀，展现粗犷工业风格。

考量到主人下厨机率不高，故将厨房与餐厅做结合，并以一字形中岛方式呈现，吧台的设计让人感受轻松自在，吧台上方的铁件既可用作收纳又能作为装饰使用。

主要材料

实木地板、木板、特制钢管、水泥、铁网等

设计说明

对比公共空间（客、餐厅），卧室相较之下所占比例较小，为让空间同样拥有开阔的效果，设计师以穿透性的扩张网作为屏风隔间，搭配铁架后便能作为电视墙或储藏间使用，而且同样拥有洞洞板 pegboard 般效果，提供收纳规划更多的便利性。两间卫浴皆以黑色磁砖作为主轴，并佐以铁件与原木作为提味。主卧室将原先单纯以大片玻璃作为隔间的方式转变成以方格玻璃 + 酸蚀玻璃搭配杉木与铁件的设计，在不减低采光效果下，增添工业风细节，灯具使用也别具巧思，采用备有防水功能的船灯与矿坑灯，风格与实用性兼顾。

动线设计清楚划分公共与私密空间，开放式格局串连客厅、餐厅与厨房，多功的场域设计搭配通透的视觉动线，让居家环境更显舒适。除了水泥、铁件与烤漆等工业风元素之外，设计师还运用许多原木与回收木塑造不做作的空间氛围。

软装配色

本案主要以黑、灰作为主调，木质感色的沙发、茶几、桌椅点缀其中，展现空间自然的底蕴。客厅天花板的轨道灯以及各式个性灯具，摆脱枯燥乏味，让灯光也成为妆点居家色彩的一部份。绿植的运用，让整体呈现粗狂复古的空间多了一抹清新之感。餐厨一体的区域里，水泥灰吧台作为空间语汇，轻松营造适合下班回家后小酌一杯的放松氛围。

家具搭配

整体风格定调后，设计师辅以风格相辅的家具单品来衬托住家质感。厨房与客厅后方两个陶瓷烤漆的黑色柜体善用空间挑高 3 米 2 的优势，做成到顶的大型综合收纳柜。厨房上方则利用铁件搭配回收木组成悬吊式置物柜，让收纳空间往上延伸。 客厅中内敛的欧洲二手家具搭配具工业元素的船灯、矿坑灯及机构壁灯，提升空间之间的互动与关联性，营造出舒适自然的居室环境。

灯饰照明

室内人工照明以射灯、吊灯为主，局部搭配壁灯以及各种工业风特色灯具辅助照明。其中，客厅后方的阅读区采用机械造型的 Lampe Gras 壁灯，灵活的灯臂可随意伸缩，当成台灯使用也无妨，可供主人阅览、休憩使用；浴室中的船灯、矿坑灯，工业元素在它们身上体现地淋漓尽致，昏暗的光线彷如将人带到旧工厂的工业时代，搭配欧洲特色家具，风格与实用性并存。

材料运用

一进门就会被玄关开放通透的格局所深深折服，水泥制成的天花板与橡木拼接地板塑造出一个开敞的空间，局部墙面以文化石点缀，搭配充满复古气息的旧家具、回收木与黑铁框组成的玄关大门，彰显粗犷的工业风风采；卫浴采用黑色磁砖作为空间的主角，搭配铁件与原木，营造质朴自然的质感。

理想的靠近 静静的生活

冬日暖阳，甜点搭配日光，坐在户外坐席上，看着飞鸟白云。光是这样呆呆地望着，心情就会很好。隐隐约约可以看到不远处的炊烟和昨日泛舟的洱海。这样的空间纵享大理的所有，没有观光客的叨扰，能让人静静品味。

项目地点：中国云南省大理市
项目面积：180平方米
设计机构：重庆品辰设计
硬装设计师：庞一飞、袁毅
软装设计师：张婧、夏婷婷

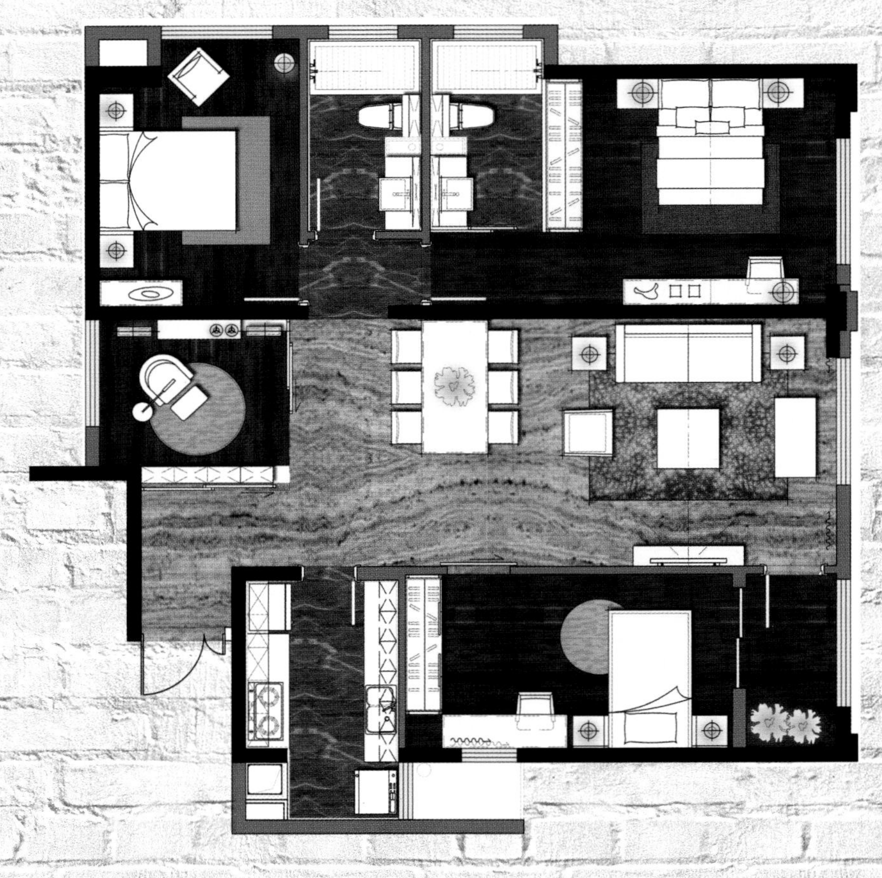

平面布置图

主要材料

做旧实木地板、硅藻泥、水曲柳木饰面、爱情海灰石材、麻布布艺

元素配饰

餐厅过道旁放置上充满工业风韵味的铁边收纳柜，柜面支撑起绿意盎然的盆栽，在玻璃吊灯的掩映下，白色墙面上那悬挂的麋鹿头、装饰画以及趣味十足的民族风配饰，彷若是对不加修饰的水泥墙一种热情而喧闹的倾诉；客厅木质墙面收藏着大小不一的装饰画，搭配复古十足的皮质家具，与民族风地毯那细致的纹路交织于一起，洋溢着质朴的味道。

家具搭配

明亮的客厅中，黑色的皮沙发尽显沉稳大气，墨绿色单人沙发摆放一侧，为空间注入一丝优雅复古气息。茶几的选择颇具亮点，木条拼接而成的几面下，四个铁轮作为支撑，让人想起了蒸汽时代，工业革命的蓬勃兴起。试听室的棕红色皮质沙发是百搭沙发的代表之作，搭配简约铁件玻璃茶几，展现工业风轻奢高贵的一面。

采光照明

设计师重新梳理空间之间的关系，通过打造大面积窗以及改造隔间的手法，增强了原本半地下室的空间的自然采光。室内餐厅餐桌上方悬挂玻璃吊灯，绳索与玻璃的结合，让空间呈现出灵动之感，制造出浪漫的用餐气氛；而客厅沙发一角采用一盏富有民族特色的羊皮手工灯，搭配拥有细腻纹路的定制波斯地毯，柔和的暖色光线于室内静静流淌，让人不禁流连忘返。

台北民权路尤宅

项目地点：中国台湾省
项目面积：92.4平方米
设计机构：北鸥设计
设计师：王公瑜
摄影师：黄钰崴

设计师为歌手屋主打造性格与异国风情兼具的北欧居家，以新颖的“工业复古风格”作为主轴，将居家空间视为空白乐谱，尽情以色彩搭配与材质运用，创作完美的北欧曲调。

本案为二次翻修居宅，设计师着重在卫浴及厨房的调整上，更顺应屋主职业擘划专属音乐工作室，大量采用丹麦系统家具，打造更贴近北欧的地道质感。

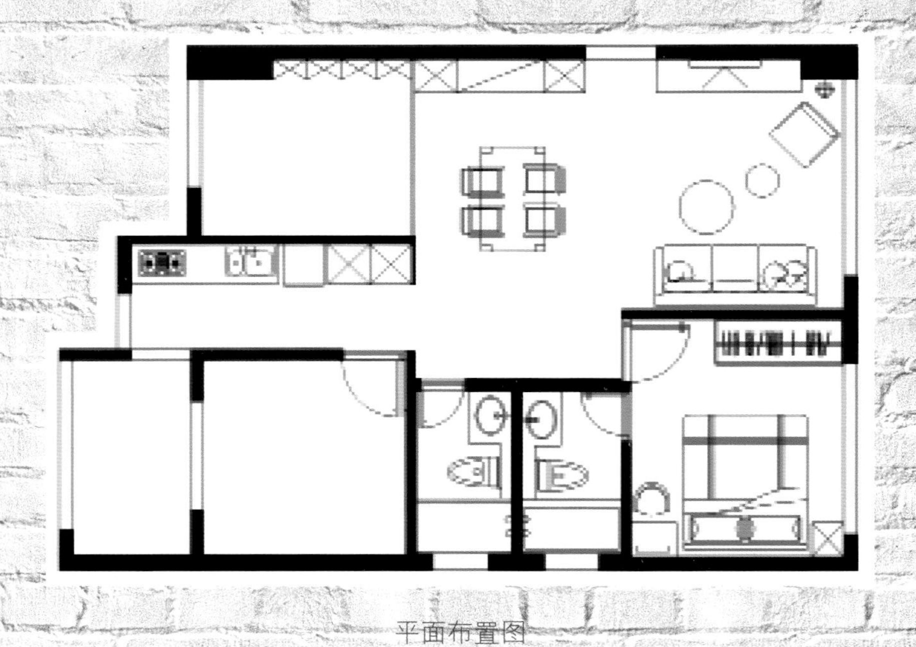

平面布置图

主要材料

木板、铁件、石材、磁砖等

材料运用

进门的一面粗制原木背景墙大胆地将餐厅与客厅空间连成一体，形成视觉上的连贯。餐厅区域置物柜自然的木色调不露声色地表现着岁月的痕迹，通往卧室的墙面以复古做旧的黄绿色饰面处理，提示另一功能区的转折。而在家具用色上则选择高饱和度的色彩打破宁静，点缀明黄色、朱砂色、湖蓝色跳跃色彩，将流行元素纳入其中，实现装饰风格上的多元化。

空间规划

客厅落地窗装上通透的落地百叶窗帘，保证了隐私，被窗页筛下自然光晕映照出满室的通透明亮，散发一股温馨惬意的闲适气息。木色平行推拉门关上时成为餐厅背景，也作为隔断将餐厅与琴房区域与之错开，巧妙分隔出两个不同功能空间，活动的设计可以根据主人的意愿进行场景转换。琴房内各式缤纷的木吉他如同年少时的叛逆主张，置于花格墙上同时也形成一面妙趣横生的装饰墙。在此安坐，隔离了尘世纷扰和罔评，寻觅到久违的志趣与灵魂。

YAMAHA CP

设计说明

利用木材仿旧斑驳色调作为电视主墙延伸至餐厅墙面，不加修饰的纹路带出自然休闲感，佐以铁件与木作复合式柜体，为开放空间画出和谐开阔的线条，让大地色调显得既温馨又柔和，巧妙点缀的皮件单品与毛草软件，更是凸显特有的居家品味。

掩藏在带着些微工业感的谷仓拉式门片后方，即是专属工作室，利用灰阶磁砖搭配水泥粉光特殊纹理，投射冷调性格，衬托墙上的电吉他主角并产生鲜明对比。经过整顿的厨房散发着清新气息，复古磁砖成为纯白基底的视觉亮点。

蓝白色系主卧构筑了北欧风格特有的松软与明亮，拉门设计除了美观，更成为减省空间的良方！设计师跳脱北欧风缤纷明亮的普遍印象，转而利用大地色系材质与软件，打造满盈成熟气息的北欧空间，更将屋主充满灵魂的乐器安置在客厅与工作室，让挚爱与居家风格相互融合。

铁粉最爱的现代感住宅

项目地点：中国台湾省高雄市
项目面积：142平方米
设计机构：千彩胤设计公司
主设计师：李千惠
摄影师：刘欣业

舍弃屋主不喜欢的浅色木皮、石材与刷漆，透过创新元素与笔触，勾勒出长辈也惊叹不已的新时代居宅。

敞朗清透的公共空间，以开放型态共沐在筛落木百叶帘映入的暖阳中，透过接续玄关柜体向内延伸的深色木皮元素，向上转折切齐梁线包覆出餐厅分界意象，客厅电视墙另采自然石物表现自然层次。因屋主同事常到家中讨论研究，千彩胤设计利用沙发后空间规划一方聚会段落，并呼应事先购入的靛蓝沙发色系，在展示柜体前安排可书写的烤漆玻璃门片。简化后的空间线条，实现屋主「越干净越好的」的设计想法，进而拉阔场域景深。

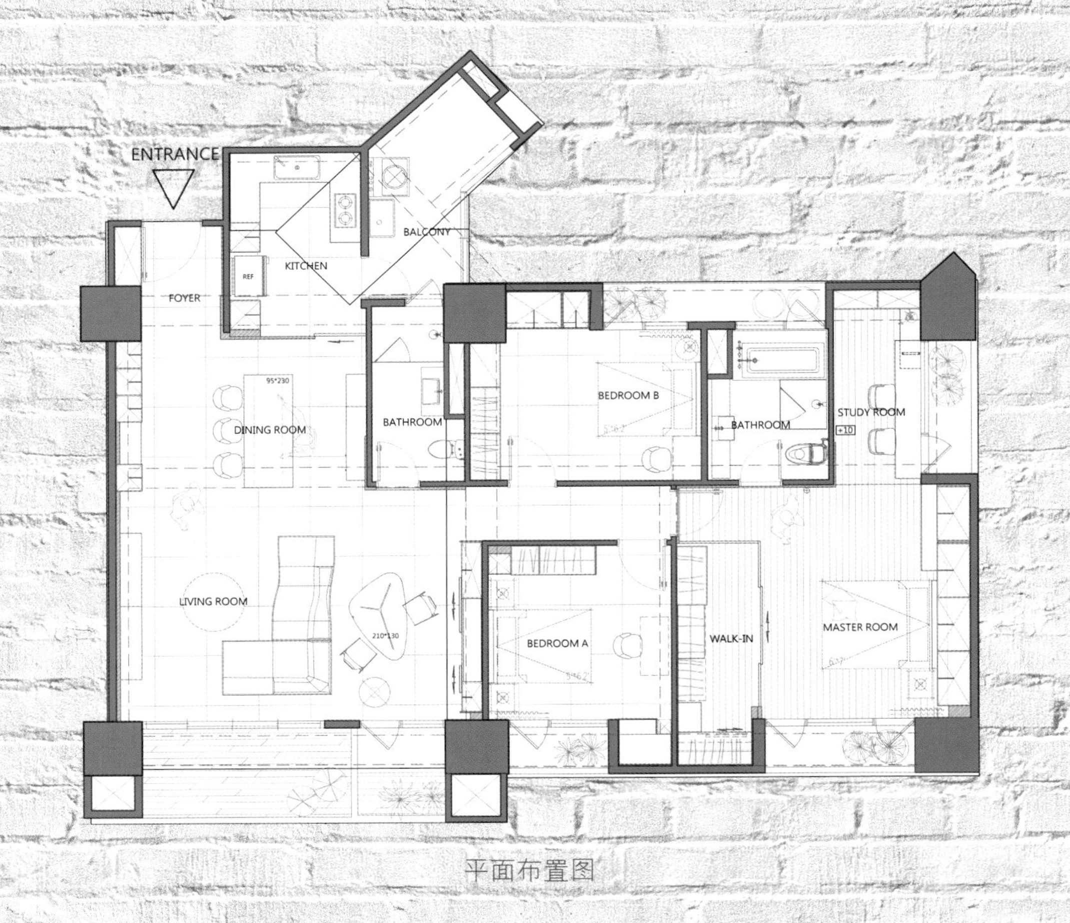

平面布置图

主要材料

天然木皮、特殊漆、铁件、石物、玻璃、木地板

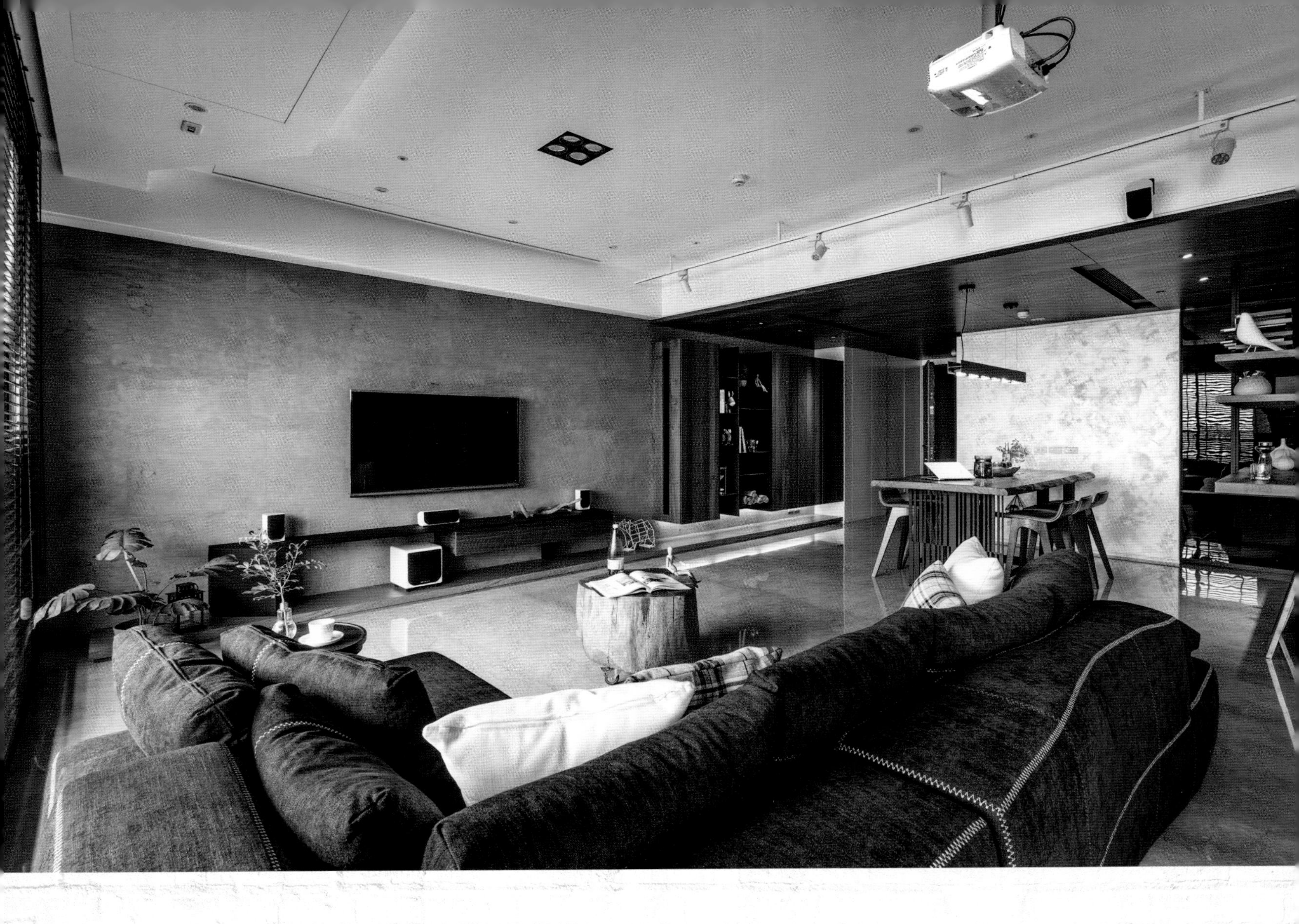

电视主墙
石物拼贴的电视墙可见其清晰纹理却不感庞大，辅搭深色木皮共筑自然空间语汇。

讨论区
呼应沙发色系，安排于后方的展示柜体增设同色系烤漆门片，屋主可在此同侪互动学习。分属男女主人使用的讨论区与餐厅，构筑与亲友共聚的互动聚落。通往客卫浴的门片隐藏在石物墙面内，简化空间线条。

玄关
为了宾客需求而增设的独立衣帽柜，切齐玄关柜并将结构柱体收整其中，干净简明。

空间规划

舒朗清透的公共空间，透过接续玄关柜体向内延伸的深色木皮元素，向上转折铺述天花坝的方式成为客餐区域分界意象。因为屋主同事常到家中讨论研究，设计便利用沙发后空间规划一方聚会段落。为了宾客需求而增设的独立衣帽柜，与玄关柜保持一个平整的立面，同时将墙体结构柱体收纳其中，使得入口处呈现干净简明的感受。主卧的床尾处利用黑色玻璃打造成更衣室，而原本的更衣室区域则架高地板作为书房使用。

h r2 r
X > y/5 = √(682/11)
M = √(2·7·10⁴ / 2·14·10⁴)
0 1 2 3 4
f = dy/dx = x⁴
b² = cos² − 2ab cosC
= a²(cos²C + sin²C)
= a²+c²− 2ac cosC
A B C
A = πr²

材料运用

在开敞通透的客厅空间，筛落木百叶帘以开放的姿态，让阳光尽情洒落在室内地板上，采用自然石材堆砌的局部电视墙，在光线中尽显层次感；向内延伸的餐厅区域，柜体延续着深色的木皮元素，在向上转折木质吊顶的呼应之下，再搭配上木质桌椅，流淌着自然朴素的气质。而在主卧空间，依然延续着公共领域的自然用材，采用石物与木地板拼接交融的卧房卫浴壁面，营造出如同木栈板般的粗犷气氛。

家具搭配

客厅正中，蓝色牛仔布组合沙发搭配原木墩茶几，呈现出随性不羁的空间姿态，展现更多的空间层次感，也让来家中做客的亲朋、同时不会感到拘谨。入口处和沙发背后两个木柜设计巧用心思，打开可用作展示使用，而关上之后又是最好不过的收纳空间，黑与深木色的色彩搭配，沉静而优雅。

主卧室

主卧房延续公领域将卫浴融入石物壁面的手法，运用荷兰手刮木地板壁面造型隐藏主卫浴规划，同时达到屋主期待如同木栈板般的粗犷味道。跳脱传统制式的空间配置想法，床尾处采用黑玻建构半穿透感更衣室，门片的开阖或是光源的明亮，皆可变化丰富的空间视感。书房设计在原本更衣间的位置，临窗区的简洁桌面与高脚椅，更是量身打造的星巴克般的阅读区。位于床尾的穿透感更衣室，可随门片开阖及光源明暗变化空间氛围。并在墙面以荷兰手刮地板表现木栈板粗犷味道，妆点空间感同时隐藏主卫浴空间。

卧室 A
利用墙柱间的畸零空间安排收纳柜体，拉整空间线条的一致性。

卧室 B
透过色系的变化与材质的选搭，创造相同格局却调性不同的客房表情。

软装配色

本案按照屋主的喜好，舍弃了浅木色家居元素，选择了灰色调作为墙面和地板的色彩，其它木质家具则选择了更加沉稳的深木色。呼应沙发的深蓝色，沙发后方选择了同色系可供书写的玻璃柜门，打造出客厅区域统一的宁静风格。客卧部分则分别选用灰色和清新的绿色作为主要色调，打造出雅致与清新两种完全不同风格的卧室。

THE KISS
FURNITURE DESIGN IDEA BOOK

Menu
HOMEMADE
MAIN COURSE
tamato
PEA
SALT
Let's STAY home
Salade Oceane Saumon et

北欧工业风

随心留心

项目地点：中国台湾省竹北市

项目面积：76平方米

设计机构：尔声空间设计有限公司

主设计师：林欣璇、陈荣声

摄影师：陈荣声

屋主是一对热爱旅游欧洲的年轻夫妻，向往能够将国外有个性的装潢风格带入新家，希望以灰色调墙面为单纯干净的基底，在线板与黑、白人字木地板以及水泥材质搭配下，混搭新古典及工业风两种元素，交织出空间温润与冲突的层次美感。由于屋主喜欢在空闲时间打 VR 虚拟游戏，利用客厅的大空间，设计师特别腾出了 2.5 x 2.5 米的空间，将沙发转向，留住了左右两块区域，利用滑门设计增加收纳机能，同时在柜体中间也规划了展示女屋主喜爱画作的空间。

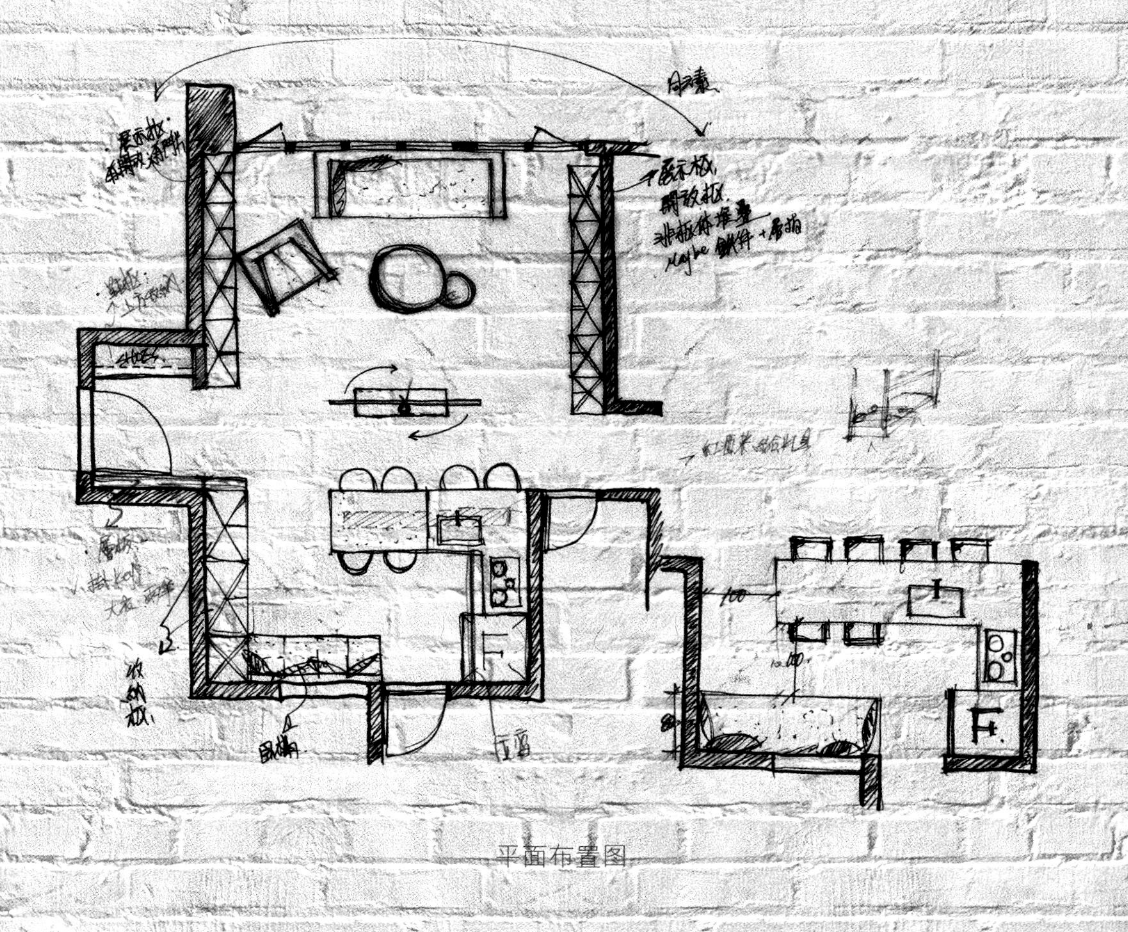

平面布置图

主要材料

瓷砖、海岛型木地板、实木皮、铁件、烤漆、墙漆等

材料运用

设计师在天花部分引用活泼的客制雕花，并在天花线板的勾勒及锐角处修饰成弧型枝叶，让古典线条与现代利落语汇交织在空间中，成为入口处一大亮点。与玄关相对的展示墙面，则以浅灰色系搭配部分大胆的深色电视背墙，增加空间的层次感，也提升了空间独有的艺术氛围。客厅由于采光良好，大胆以深色线板当做电视背墙，墙体延伸至后方主卧门片，弱化电视的形体。设计师还将有原始朴实的水泥质感表现在沙发一侧的壁面上，利用滑门设计增加收纳机能。

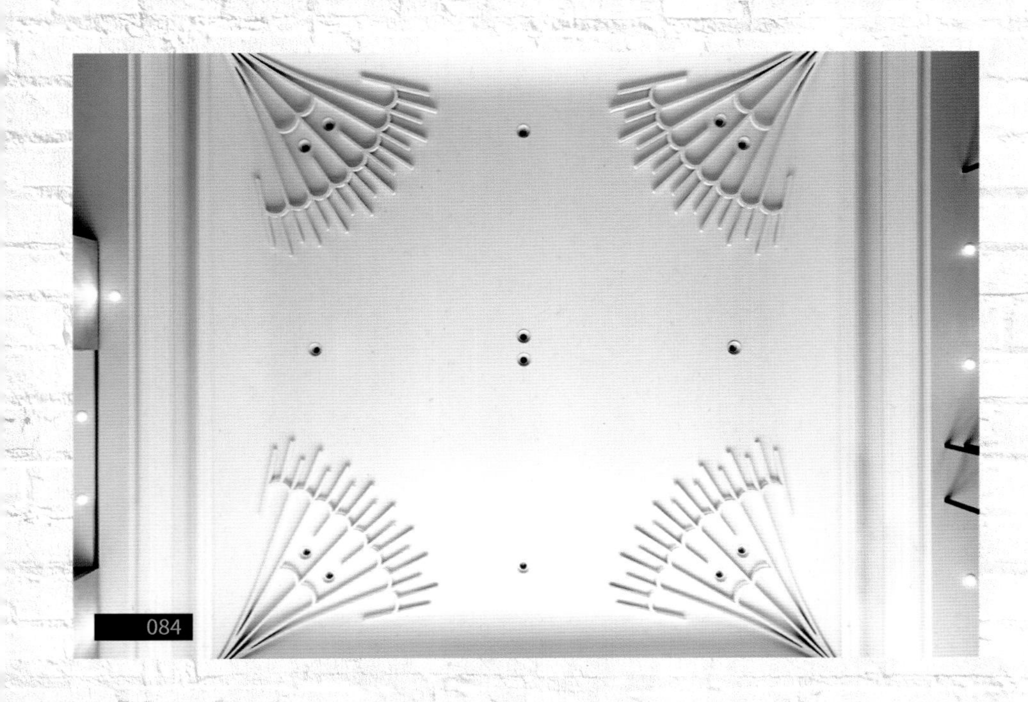

I WANT
IT ALL

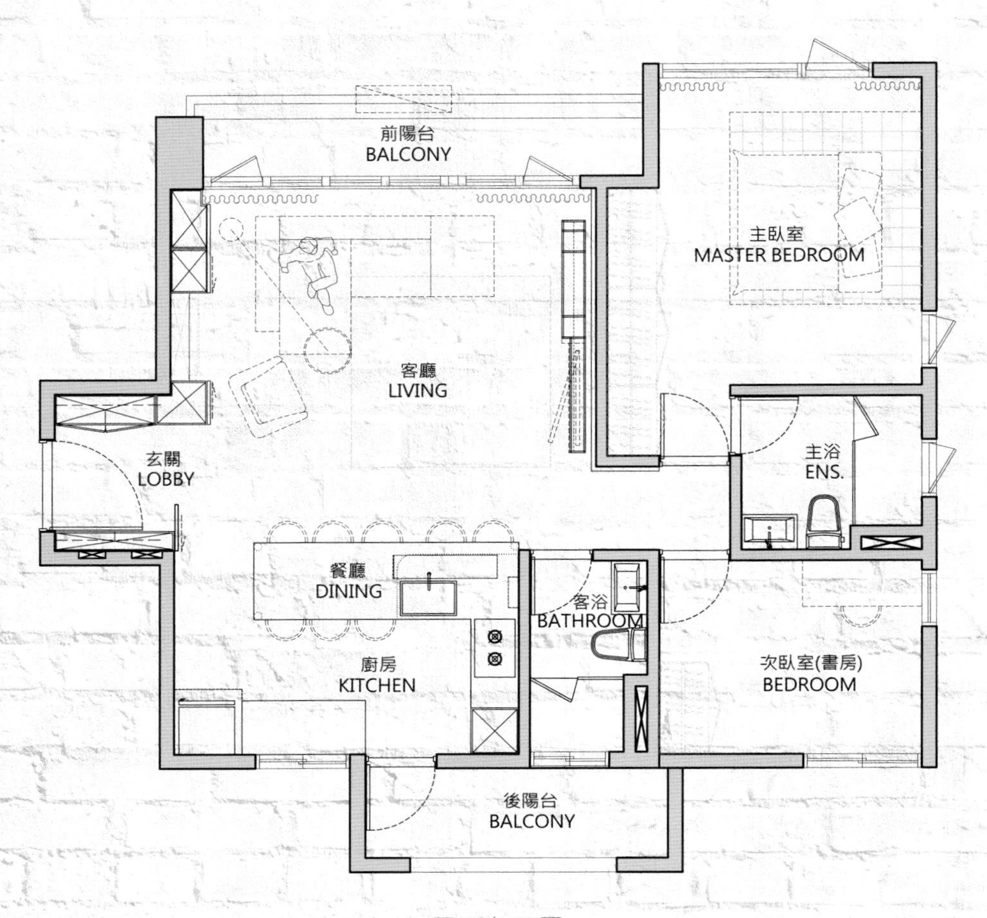

平面布置图

家具搭配

在家具方面，设计师特别将法式优雅利落线条注入家具中，藉由桌脚的型体、金属烤漆，柜体勾勒的线板，释放出家具的光彩。厨房区域一个三米四长的灰蓝色中岛，刻意保持与流理台一样的高度，主要是希望将开放式厨房结合餐厅功能，满足男屋主喜爱烹饪西餐的兴趣，中岛上方设有悬挂的铁件吊柜，吊柜的木层板则是与磁砖墙面上的开放层板一样做仿旧木皮处理。

Menu
HOMEMADE
MAIN COURSE
Let's STAY home

灯饰照明

开放式厨房上方悬挂现代感极强的玫瑰金吊灯，搭配旁边的铁件吊柜，不仅增加实用性，更是在粗犷的工业风设计里注入另一层次的精致感。而采用的在黑板墙面上的工业式吊灯，它们则极具浪漫的欧式情怀，让人彷佛有置身于异国餐厅的感受。

NEED

淡水刘宅

时代越进步，生活越便利，充斥在我们生活中的事物也越来越繁杂。于是人们开始追求一种更简单过日子的方法。简单，但并不枯燥，也不代表要牺牲便利性，这应该就是北欧精神飘洋过海到亚热带的台湾而能够让很多人一眼就爱上的原因。而市场上最近流行的工业风格（Industrial Style），则又是以冷冽、原生作为标榜，究竟这样的风格跨界，设计分寸该如何拿捏？

项目地点：中国台湾省台北市
项目面积：79平方米
设计机构：CONCEPT 北欧建筑
主设计师：留郁琪
摄影师：林明杰

平面布置图

主要材料

红砖、铁件、木材

材料运用

玄关处，整面墙的清水泥纹样的收纳柜打开空间风格的调性，并延续到公共区域。相较玄关处，公共区域的收纳柜采用半开放的格局，将部分收纳空间分割出来作为书籍和藏品的展示空间。餐厅并没有过多的元素去定义它的功能，这样一来，造型简约的餐桌既可用于就餐也能作为书桌使用。

设计说明

从室内设计来看，北欧精神所讲究的是家具是空间的一部分，因为北欧的冬天又冷又长，北欧人必须在家里度过漫漫长冬，因此，每天都要与之共处的空间、家具，就必须是耐看且耐用的。因此，在这个可以称之为「轻工业风的北欧设计」，造就了这次美好的结果。

喜欢料理而以厨房为设计重心的这个住家，一进门后最醒目的是用餐吧台旁的砖墙，这道砖墙竟成为空间中最突出的主角，这个略带原生工业风的设计，是如何进入到北欧风格的空间里呢？

Doris 表示，保留砖墙是个无心插柳的决定：「一开始并没有刻意要把新做旧，这不是真正工业风格的精神。但打掉原本隔间后，发现这面砖墙反而让整个空间变得很跳跃、充满生命力，它的存在是无法被忽视的亮点，这也是北欧设计中很重要的精神：如何让材质自己说故事，发挥它最大的价值，甚至能牵引起整体环境的氛围。因此，我们几位设计师讨论后，大胆向客户提出保留此墙面的要求，也很开心他们愿意给我们机会去发挥。」喜欢料理的业主夫妇，为了打造自己心目中的理想厨房，不惜拆除原本购屋时所附设的厨具，换成不锈钢材质台面的厨具，深具特色的厨具与台面，反而与保留的砖墙十分搭配。宽敞的厨房连着大台面的吧台兼餐桌，两人世界的生活重心展露无遗。

软装配色

在墙面整体为白色，沙发、柜子和地板为灰色调的情况下，设计师选用带有蓝色的几何图片的地毯缓解公共区域大片灰色调带来的冰冷感。客厅作为家人、朋友聚集放松的地方，设计师使用灰色的布艺沙发迎合整体设计格调，蓝色的抱枕和毛毯则用于活跃气氛。餐厅的背景墙特意选用黄色和蓝色，使得料理变成一件更加有趣味性的事情，蓝、黄两色的吧台椅延续这种趣味，让就餐变得生动起来。

家具搭配

富有层次感的裸屋顶以及原木材质的木地板，将整个空间缔造成一个高雅居所。餐厅那面犹为显眼的红色裸砖墙仿佛撑起了整个空间，搭配木质桌椅，让冷色调的室内空间越发充满生命力；徜徉于客厅，采用木门与木质柜体的局部墙面为电视、沙发甘当背景墙，木地板在阳光的投射下将木材的质感蔓延至远处，让空间显得更加开敞。

台中陈宅

本案因屋主喜爱工业风，便设定为整体风格，木皮、铁件、文化石等材质的交错利用，营造出朴实带点粗犷工业风的居家环境。

项目地点：中国台湾省台中市

项目面积：102平方米

设计机构：映荷空间设计

主设计师：罗静如 林保秀

摄影师：林福明

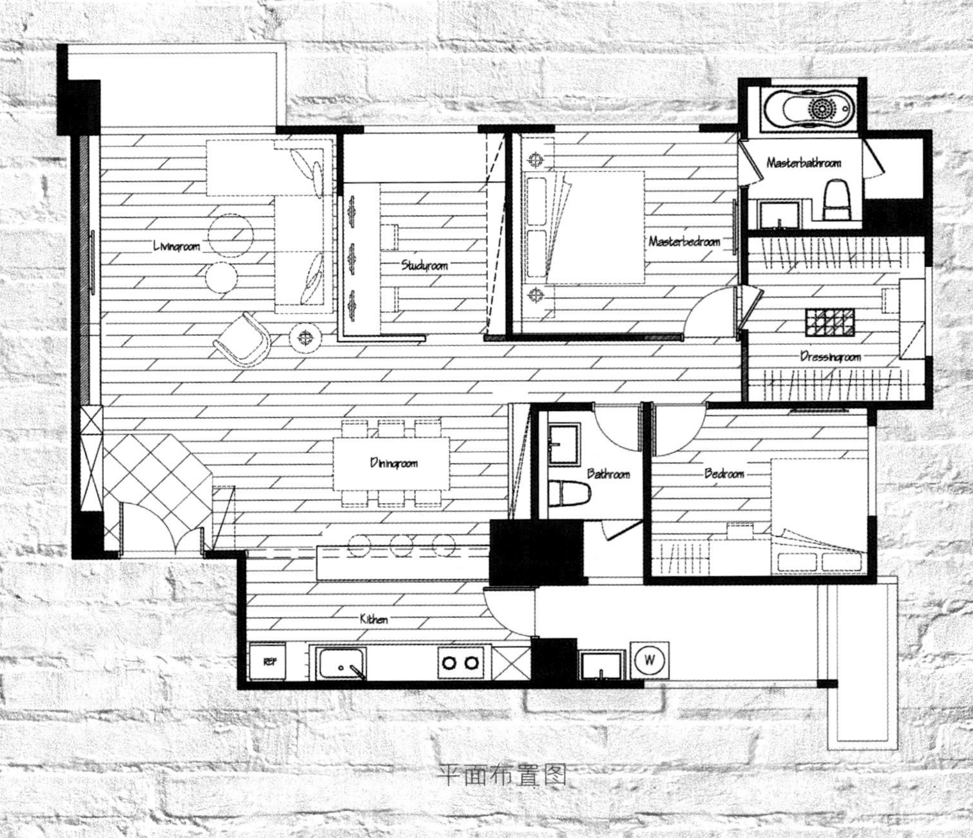

平面布置图

主要材料

进口磁砖、文化石、铁件烤漆、钢刷木皮、玻璃、壁纸

WIENERS

设计说明:
不同材质与天花板造型变化介定使用空间，大门入口以进口磁砖落尘区划定玄关范围，为使视觉开扩，并且考虑到男主人有在家办公的需求，将原书房隔间墙拆除，变更为开放式空间。不同空间利用天花板造型及材质变化定义出来，木皮与铁件互相搭配，加上造型比例调整，规划出富有造型收纳空间，达成屋主收藏品陈列展示的需求。

卧房中的主卧空间延续公共空间木皮温润质感，以塑造沉稳的休息空间为重点，搭配仿水泥壁纸，带出自然朴实感，床头压梁为华人普遍介意的风水问题，则用弧形天花板修饰，更衣室因空间有限，全做成开放式层架，使视觉上不压迫，材质运用呼应公共空间主调。而预留为小孩房的次卧则用仿素描的风格壁纸，给人一种文学气息，搭配简约清爽的活动家具，使空间的使用性质更富弹性。

材料运用

沿着客厅木质地板铺设的走道一直向前，文化石拼接的局部电视背景墙赫然出现眼前，搭配局部木质墙面，石材与木材便在此刻交融一体，形塑出别具一格的客厅空间；而身后偏居一隅的工作室，放置各色摆件与书籍的铁艺木质收纳架则犹为显眼，仿佛是在安静中的一场忘不掉抹不去的喧嚣。

10

Premium
MOTORS
RACER
CUSTOMS
AMERICAN

软装配色

除了留白的天花板和墙壁，设计师大量使用了铁件和木皮的家具组合作为空间的主要色调。开放式的陈列柜展示了主人的收藏品，五彩斑斓的收藏品也成为一道亮丽风景线，打破空间中过多中性色带来的单调。书房窗边为坐柜上加坐垫并非榻榻米，是整个空间中唯一大面积使用的亮色，半开放式的格局使其不会破坏空间整体格调，又让人感觉宁静而舒适，带给人一种时光静好的闲适。

家具搭配

公共区域，木皮与铁件互相搭配及造型比例调整的家具，规划出富有造型收纳空间，达成屋主收藏品陈列展示的需求，皮质复古风沙发演绎空间优雅格调。书房榻榻米设计既有收纳功能，又能让家庭成员有独自的休憩放松空间。更衣室因空间有限，全做成开放式层架，使视觉上不压迫。

采光照明

住宅一方面采用高大的铁件落地窗，轻易地让阳光普照在室内各个角落；一方面拆除原书房隔间墙，变更为开放式的办公空间。这一切都有利于开阔视野，增强室内自然采光。移步室内，餐厅餐桌上方悬挂的吊灯，水管造型诠释出钢铁坚硬的质感，搭配柔和的光线，绽放出沁人心脾的光彩。

DECEMBER
18th
CELINE DION

HI

森沐

项目地点：中国台湾省新竹市
项目面积：110平方米
设计机构：新澄设计
主设计师：黄重蔚
摄影师：陈荣声

在城市中的旅行者，除了需要适合的机能空间，更需要每一天皆可以洗礼之所，回到这里，彷佛回到山林呼吸芬多精，自然而生。本案因考量屋主在外工作时间较长，希望回到家能充分获得放松，因此设计者以舒压疗愈的空间氛围作为设计发想。客餐厅是凝聚感情的场域，在空间机能的操作上，设计师打破台湾家庭以电视为主轴的惯性，不仅将客餐厅转换成规ㄇ字型的聚会场所，还利用滑门设计使自然光随着时间的变换，让光线可以在各个空间交互流通，由此一个维系情感、疗愈的聚落在这里孕育。

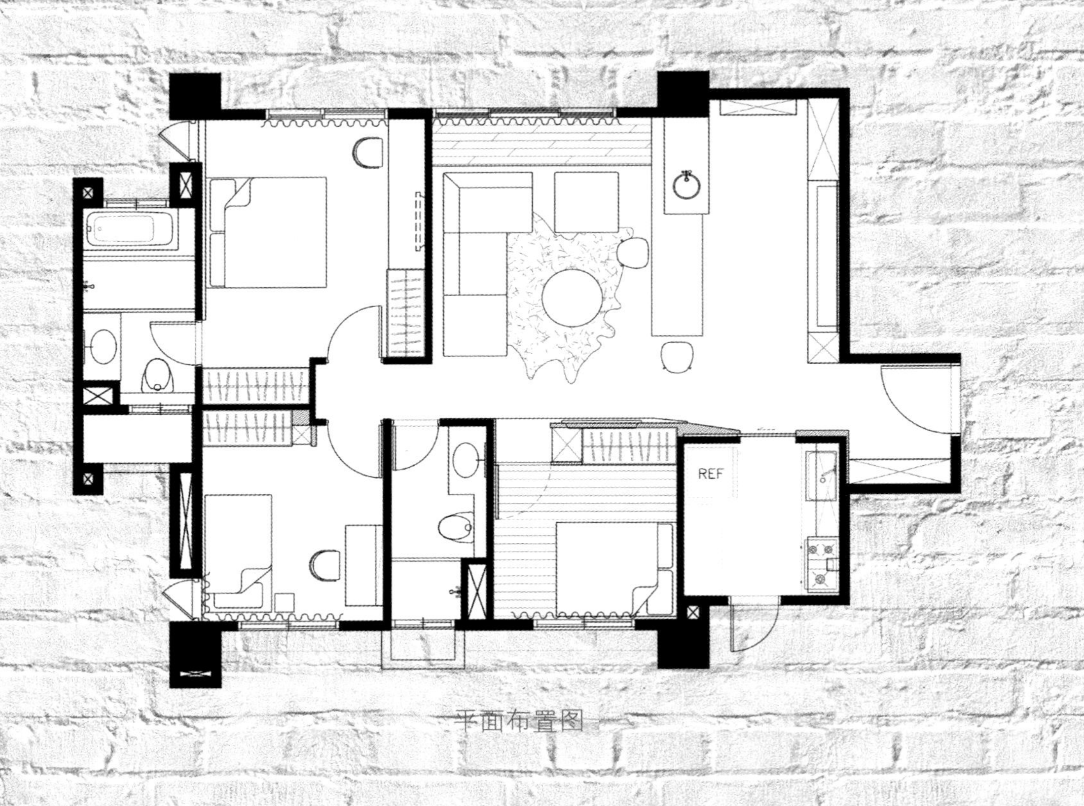

平面布置图

主要材料

瓷砖、海岛型木地板、实木皮、铁件、烤漆、墙漆等

ART
MADE.
ON
DATE.
PARIS
METRO
café
NEW YORK
BROADWAY
Manhattan
5th AVENUE
love

材料运用

设计师利用大量天然元素，天花板运用木头原始的肌理打造，搭配以水泥粉光与灰色砖块制造建筑原有的蕴含，让身心感受的不是建筑实体，而是空间里所散发出的原始味道，宛如置身在森林小屋，远离城市尘嚣，彷佛沐浴在大自然里。

1000 LIVING DETAILS
love

love
1000

love

家具搭配

本案以大自然为主题，因考虑屋主平时工作作息，平日无开伙习惯，因此厨房机能设计上以好清理、简约利落的设计为主，从木质打造的天花板延伸到订制大面积的橱柜，兼具充足的收纳机能，光滑的金属材质穿插木质纹理的长桌，在此用餐，一边阅读，一边享受悠闲惬意的时光，品尝生活中的小确幸。

在家露营

窗外的绿意与屋主的骨董收藏展开了整体设计的概念发想。依据原本的采光条件与屋主一家的生活习惯，重新构思空间配置，将卧室与卫浴集中至空间后段、前段大块区域留给公共活动场域，以一道双面的衣柜兼书墙再搭配拉门，明快区分空间的不同性质。不但保留室内充裕的自然光源，并以连贯的动线赋予公私场域多样面貌。

项目地点：中国台湾省台北市
项目面积：105.8平方米
设计机构：Ganna Design
主设计师：林仕杰 陈婷亮
摄影师：MWphotoinc / Siew Shien Sam

原始平面图

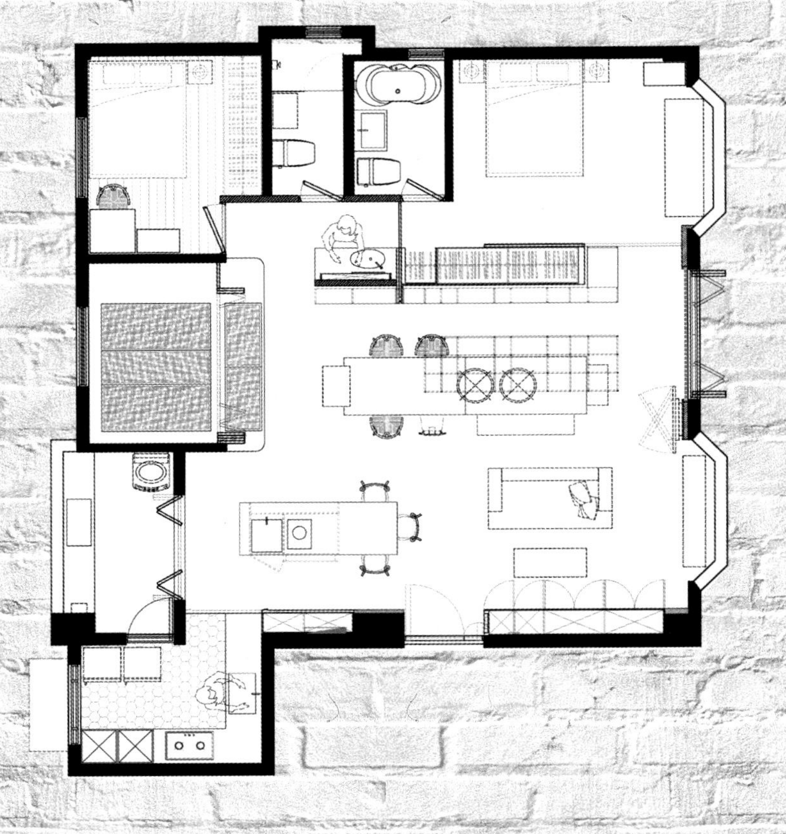

平面布置图

主要材料

木皮、喷漆、玻璃 、铁件、实木地板、进口磁砖

人的條件
反脆弱
ANTI FRAGILE
管理學
CROSSING THE CHASM
MOORE INSIDE THE TORNADO

客厅设计

就屋主的日常生活习惯来说，对于电视设备与客厅的使用度较低，因此在空间中缩小客厅的占比，收纳柜一角以开放式设计摆放屋主收集的音乐 CD，靠坐在沙发上伴随着阳光与音乐、书籍，少了电视影音干扰，成就令人放松的空间，也凸显出居住者的个人品味。

软装配色

公分区域主要来是自木质的自然感温润色彩，唯一出现在空间里轻柔淡雅的绿，点亮空间同时减少大面积黑色柜体所带来的沉重感。卧室的设计延续公共空间的简约素雅，以白色为基调，辅以古典的木色，增添空间韵味，让休憩其中的人身心得到彻底的放松。

家具搭配

一张大餐桌锚定家的核心，靠近厨房处再来一座中岛吧台，阅读或用餐、小酌或品茗。餐桌上方的铁件架构，挂起男主人收藏的露营煤油灯加上女主人茶艺伙伴的布置，随即让居家有了野外露营时的静谧氛围，还能随着时节变换铁件上的布置来转换居家氛围。餐桌背后的书架代替墙体，将公共区域和休息空间区分开来，让空间更显通透大气。

屋主本收藏的原木古董家具为主轴，辅以含几何形状与线条元素的收纳柜设计，让空间古朴与现代风格相辅相成。

餐厅设计

书墙前的餐桌描绘了家人们共同生活的温馨场景，餐桌上方的铁件布满绿植，充满了清新的自然气息，展现了一家人郊外露营的爱好。女主人喜欢茶道与花草，木地板与木皮的选用因运而生，让家中呈现自然清爽的质感。惬意与绿意环抱生活，天天都像在家露营。

餐厅是一家生活的中心，不论是与朋友的聚会，还是日常孩子的阅读作业都在此进行，也以屋主的大量藏书作为空间背景，而餐桌上方的铁件架构，挂起男主人收藏的露营煤油灯加上女主人茶艺伙伴的布置，随即让居家有了野外露营时的静谧氛围，还能随着时节变换铁件上的布置来转换居家氛围呢！ 此外，设计师将吧台独立出厨房区，融入在开放空间中，让亲友们来访时能够随性的自取饮品与料理轻食，同时赋予柜体与上方层架收纳的功能，茶具与精致的茶罐也成为开放式收纳柜最好的饰品。

my first
number
book

Casa
MK

采光照明

住宅空间根据原本的自然采光与业主一家的生活习惯，重新设置大大敞开的窗户，这些窗户不遗余力地为室内提供上充裕的自然光源。而厨房悬挂着的男主人收藏的露营煤油灯，点缀上绿植那一抹盎然生机，搭配上女主人茶艺伙伴的布置，无一不让居家散发出野外露营时那份静谧与惬意。

材料运用

配合屋主所收藏的古董原木家具，加上女主人的茶道精神，在材质规划上以充满禅意沈静、恬雅的建材为主，也加入带点自然图腾的石材与木材增加空间中的惬意感。利用其他软装如餐桌的石材采用蟒蛇般的花色，而书架的木皮则用了如豹纹般的鸟眼木，静谧之中又带点野性的生命力。

SCRAMBLER

SCRAMBLER
DUCATI

浴室设计

两套浴厕置于卧室中间，回字型的动线让居家使用更流畅。餐厅左侧另外规划和室作为多功能空间，亦可充当客房使用。舒服，除了是格局的自由开阔，也是种生活的态度。

相较于其他空间，浴室相对简约，但却仍有质感，仔细观察就会发现，全白的壁面有三种规格瓷砖所组成，为整体空间增添许多细节，设计师也将一座洗手台独立出来，方便亲友们过夜时的盥洗。

KC Home

舞墨

云门〈行草〉以人的肢体舞出笔墨间的气韵，习舞与练字皆练心，笔墨与舞姿的动与静展现文化底蕴，其中「永」字最能流露行家的痕迹。

本案以「永」字做隔间布局，厅间的弧形如同永字收笔捺的样貌，捺笔如水舞出律动感。此笔巧妙区分公私领域，弧形设计有别于传统隔间，增加厅间宽广度，让采光更充足。公共空间运用色彩点出文墨的笔韵，展现文字之美，主卧室则绘以朱红，增加喜气感。

项目地点：中国台湾省台北市
项目面积：112平方米
设计机构：Ganna Design
主设计师：林仕杰 陈婷亮
摄影师：Kyle Yu

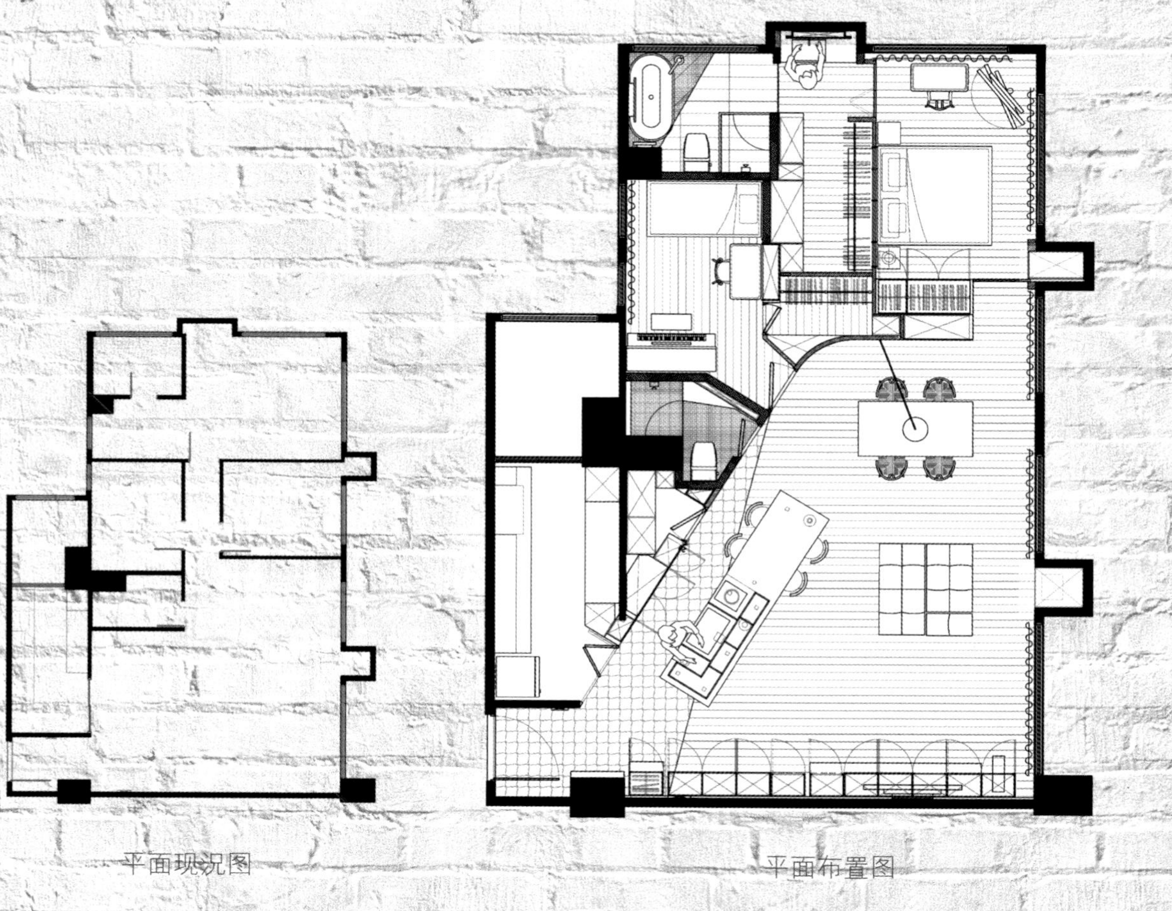

平面现况图　　平面布置图

主要材料

木皮、喷漆、玻璃、铁件、实木地板、大理石

材料运用

漫步于客厅，眼前便会出现木皮墙以及采用黑色大理石的局部电视背景墙，无声无息之中释放出木材与石材浑厚的质感，俨然带着浓浓的工业风味道。移步书房，以书法的九宫格为意象的书墙及衣柜尽显眼前，它强大的收纳与多变的风格美观，彰显出与众不同的特色。

软装配色

公共区域采用个性十足的深色调，深灰色作为空间的基色调，加以黑色家具、墙面，让整个空间的色彩统一且拥有深浅变化。吧台底部的小书柜、装饰吊灯、窗帘及抱枕则采用两种不同的蓝色，打破大面积深色所带来的沉闷和单调。卧房的衣柜的门面特意选择雾面玻璃框，因应衣物摆放的差异，呈现不同的色彩与线条之美，展现中国水墨画的唯美意境。女儿房选择春天为主题，以粉红色和花蕊妆点墙面与柜体，春暖花开的季节正是女子舞动美丽的时节，设计期许女儿动静皆宜，舞出精彩的人生。

家具搭配

为兼具收纳与美观，以书法的九宫格设计书墙及衣柜。书墙的格面的设计，可随着藏书的差异，呈现多样的风格。吧台底部兼具收纳功能，更成为空间亮点所在。两张色彩不同的贵妃椅组成的沙发组合别具一格，让整个空间更具个性。

灯饰照明

空间外部以开敞的阳台、窗户接收来自太阳的光线，内部采用“永”字隔间区分公私领域，弧形设计增加厅间宽广度，让自然采光更为丰裕充足。空间内部餐厅中，局部采用蓝色涂抹的铁质餐桌椅，上方以浅蓝色烛台造型吊灯加以搭配烘托，让室内的工业感增添不少。

KIMI'S
LOVELY
BEDROOM

无框对白

地址：中国台湾省台北市
项目面积：231平方米
设计公司：隐巷设计顾问有限公司
设计师：黄士华、孟羿彣、袁筱媛
参与设计：彭芝榕
摄影师：LDK Photography Studio

背景

屋主为两对年长及年轻的夫妻。年轻的女屋主长年旅居国外，希望拥有较有个性的休憩空间，长者的生活重心在家，常有亲友来访与聚会活动，希望空间能舒适、令人放松。

没有框架的对话

我们以一个家的整体概念包容两代各自独立的生活空间，期许有更多的对话在这二个世代发生，于是逐渐萌生了无框对白的想法。

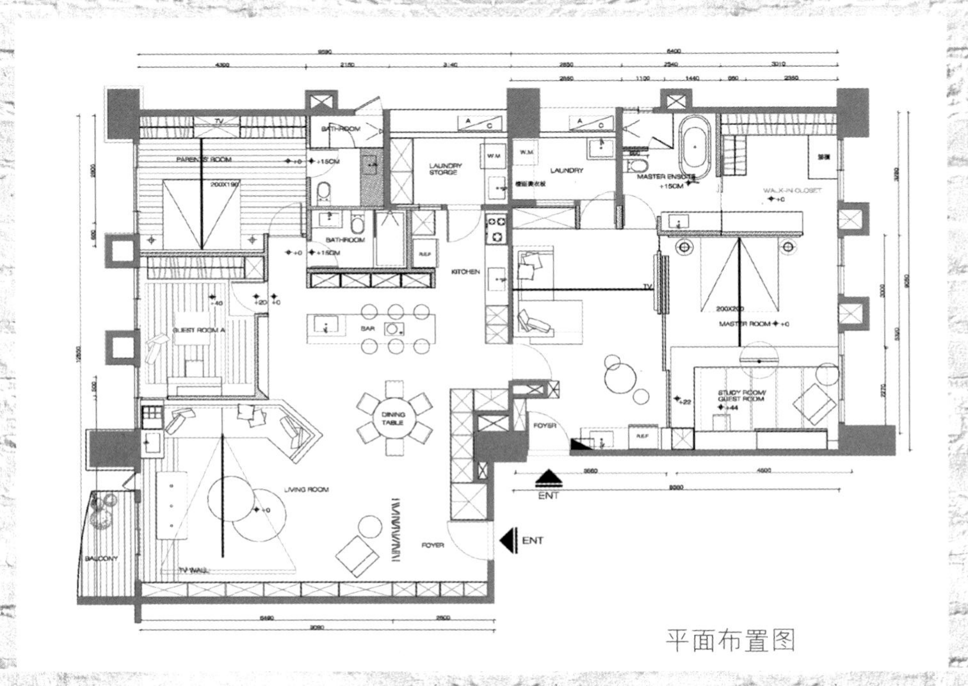

平面布置图

主要材料

盘多磨、胡桃实木、超薄瓷板、灰镜、黑纤、银狐大理石、赛利石、不锈钢、黑烤漆玻璃、特殊涂料漆

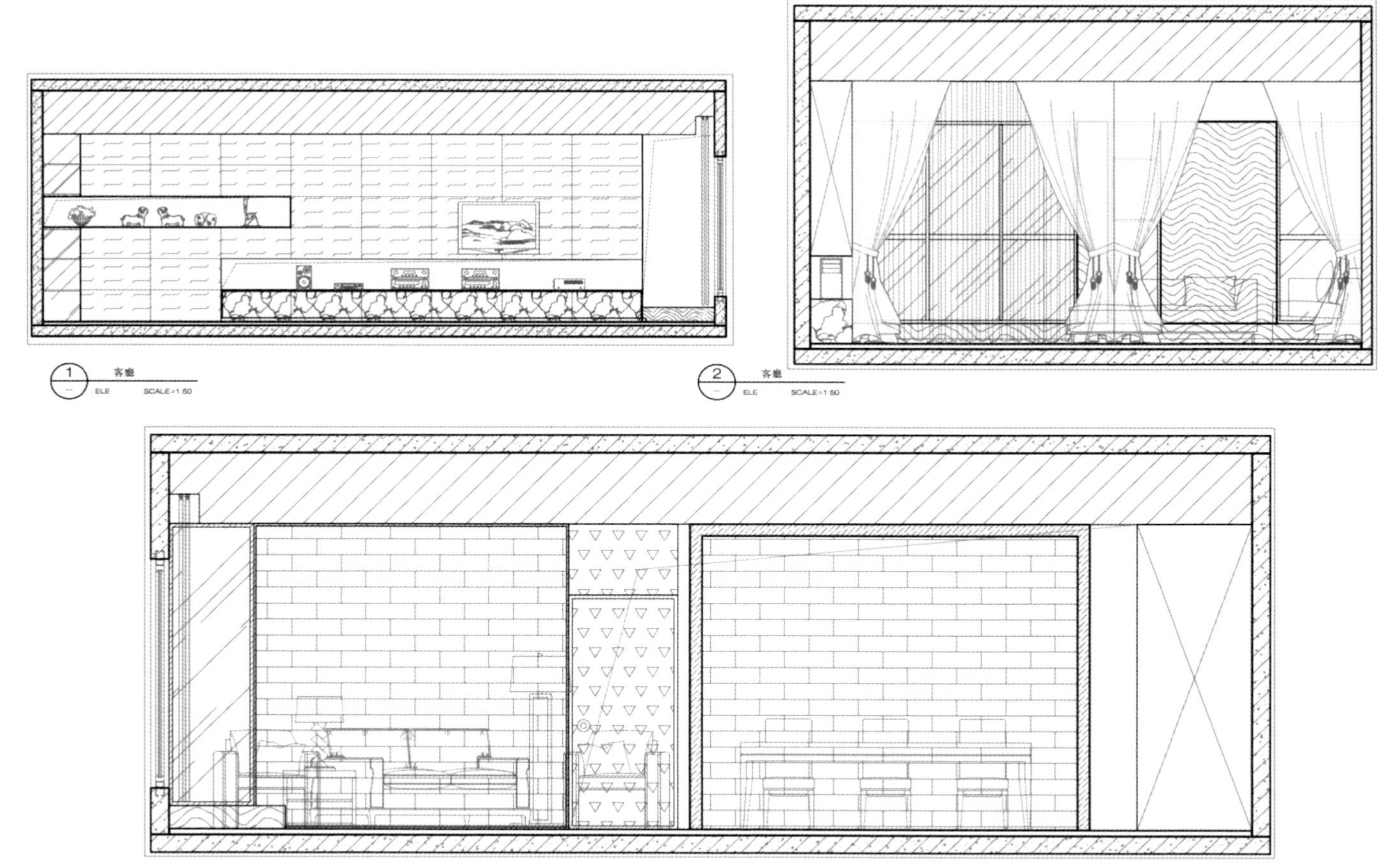

客厅立面图

空间规划

设计师将两代人各自独立的生活空间贯通并打破原本的格局，将七个狭小的房间拆解，重新建构串联成三个独立机能的生活场所，其中就包括公共空间、年长夫妻卧室、年轻夫妻卧室。客、餐厅设置在采光条件优良的朝向，大阳台的设置也有利于日光洒进公共场域。两个入口及一个内墙门在公共区域则打造出环绕式的动线。年长夫妻卧室、年轻夫妻卧室分布于两个不同的朝向，让两代人不同的生活作息不至于产生干扰。藉由打破既有的格局框架，萌生出更宽阔更灵活的对话空间。

GRAND STAND 3
VILLAS
Corporate
Rough Style
101 Hotel Rooms

材料运用

木头的香氛、纤维的柔软、石材的沉稳形成舒适明亮的休憩地带，让人在此驻留。餐厅以工业风格的酒架及餐桌做为视觉中心，传达出屋主热情的待客之道。长辈房隐藏着大量的收纳柜体，符合使用者的生活习惯。年轻夫妻的房间以个性鲜明的工业语汇为主体，运用大量暖色的原木以及单色明亮的软饰，融化冰冷的粗旷线条，使这里成为风格鲜明、放松惬意的居家场所。

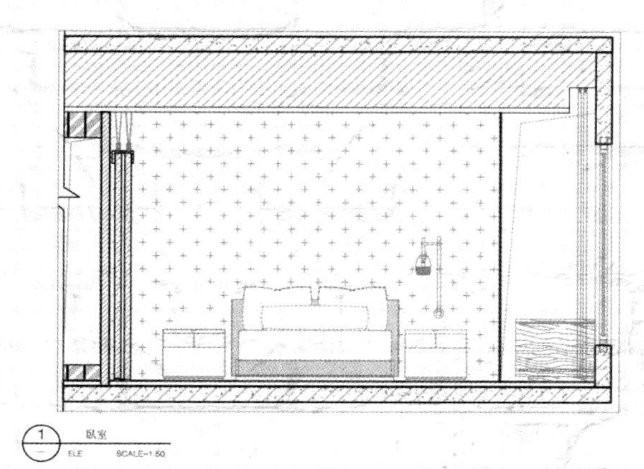

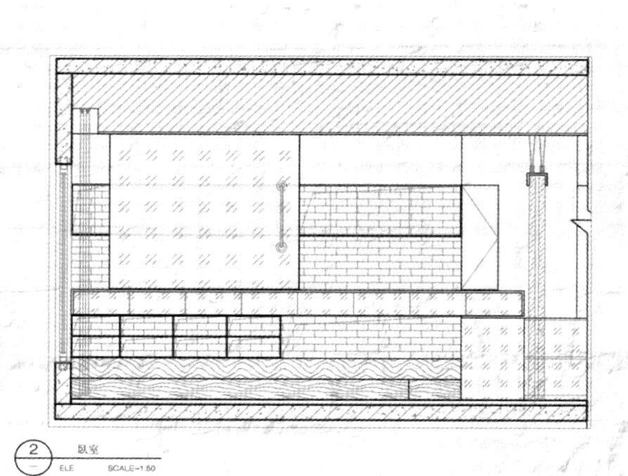

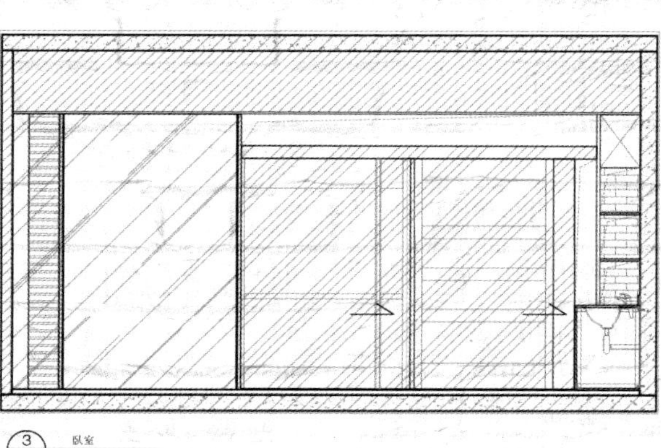

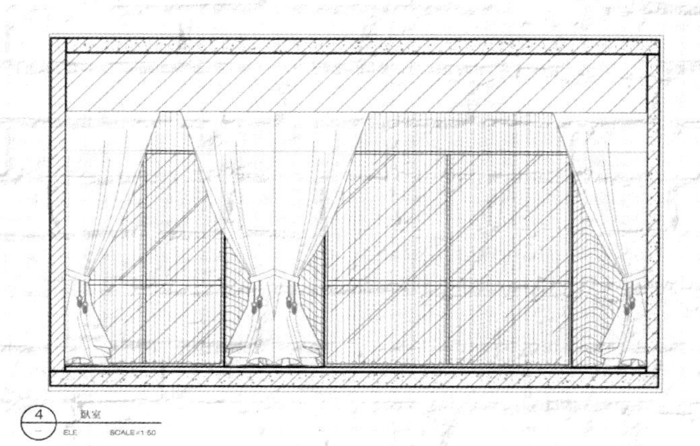

卧室立面图

大地润泽

每隔半年在台湾、美国两地往返生活的业主夫妇，决定选择在故乡高雄市内购屋，与其他家族成员共同居住。买下拥有极佳居住环境的新建住宅，并入同一层的左右两户空间，创造出属于家族成员齐聚的交流场所。业主经常入住国内外设计旅店，品味和见识都相当卓越，想要拥有符合自己个性与品味的时尚住家，并展示多年搜集的「沉香木」收藏与亲人共享。极具开放性的客厅与餐厨空间，成为家族交流分享生活点滴的生活舞台，男主人独享的 2 坪阅读视听室，则是沉静思绪的个性空间，动或静、聚或离，场域氛围绝妙平衡。

项目地点：中国台湾省高雄市
项目面积：370 平方米
设计机构：杰玛设计
主设计师：游杰腾
摄影师：蔡鸿民

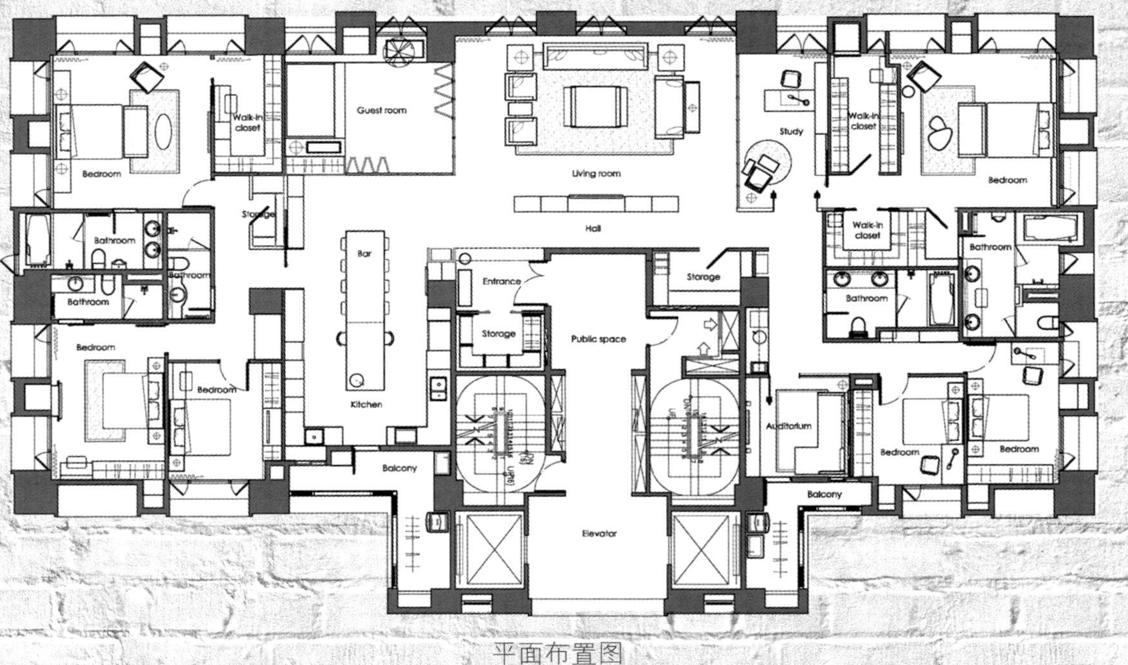

平面布置图

主要材料

烟熏橡木地板、钢琴烤漆、进口水染木皮、铁件、绣铜砖

设计背景
许多台湾家庭由于移民或工作等缘故，每隔一段时间就要前往海外居住，成为相当特殊的候鸟式生活，这已是当前社会的常见现象。在台湾的住家可能闲置成为空屋，维护与保养都需要额外费心。这些海外拼斗事业的新世代，慢慢地累积经济基础后，选择以不同的「二世带宅」方式和亲人共居，如何规划出适合都会生活的「二世带宅」？如何让居住者在「聚」或「离」、「动」与「静」之间找到平衡点？成为新世代家族的重要选题。创造「共享空间」和「个性空间」，并依据使用频率做出调节，重塑属于台湾新世代的「都会二世带宅」，则是这个项目的设计初衷。

设计理念
依据使用场合与频率，调整格局、动线与机能的分配或共享，创造尊重彼此的「个性宅」与「二世带宅」空间。

设计创意
客厅电视墙是纯白色钢琴烤漆柜体，与背后廊道锈铜砖墙面形成对比，黑色背景加上展示柜间接照明的安排，让主人搜藏的沈香木，成为绝佳的艺术创作。家具家饰的选用，也与大地色系的空间极为匹配，整体性的安排为空间加分不少。仿佛漂浮在空中的吊椅，则为室内增添情趣，考虑吊椅的悬挂方式与承重，游杰腾设计师也再三与施作工班讨论工法，确保安全性无虞。

厨房所用黄色壁砖并非市面上的既成材料，而是以游杰腾设计师特别委请职人，利用玻璃材质客制化手工打造，表面加上烤漆，呈现出与传统磁砖不同的晶莹和镜面感，符合女主人期待的色泽与时尚氛围。阅读视听室利用铁件、切割原木创造个性化的电视墙面和层架，用于展示男主人的高尔夫球收藏，纪念不同的球场巡礼记忆。

材料运用

步入客厅，烟熏橡木拼接地板为脚底带来最为舒适的触感，映入眼帘的纯白色烤漆电视墙与后方廊道采用的锈铜砖墙形成鲜明的对比，黑色的背景搭配展示柜的间接照明，令主人的沈香木收藏品成为最佳主角，不禁让人驻足观赏；而厨房采用浅黄色壁砖的墙面，搭配纯白色烤漆柜体，简约之中透出一股久违的新鲜感。

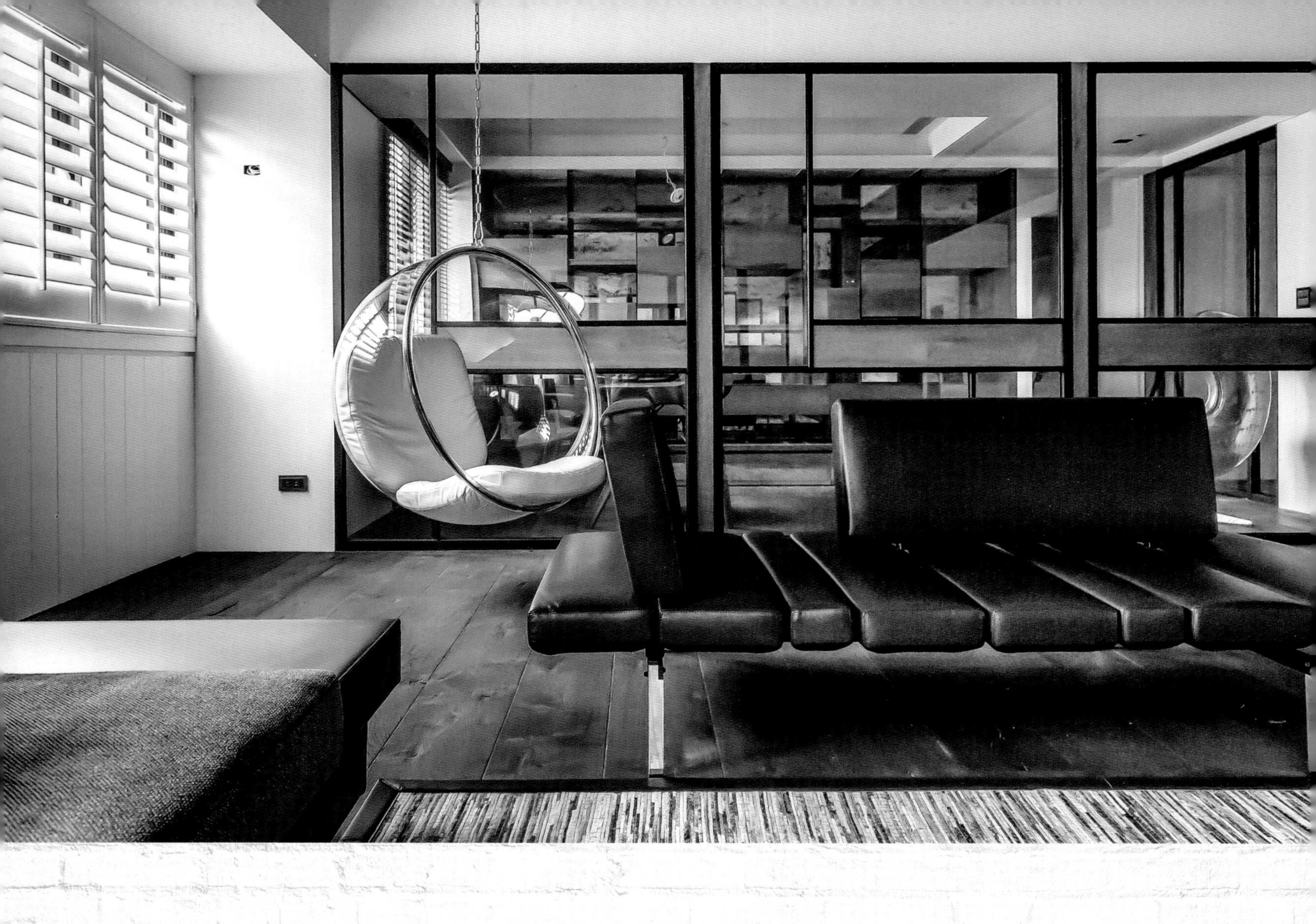

采光照明

设计师调整室内格局，以毛玻璃折叠门精心打造出可弹性区隔的客室，全开放式空间方便组织家庭聚会的同时，也将灿烂光线迎入室内。而客厅一盏大型的投影落地灯，其高大的外形刚硬无比，巨大的反射罩将光线聚焦方便照亮室内，搭配深色皮革沙发等，极具工业风的神采。

空间规划

设计师在理解屋主需求后，将这个双拼华厦规划成两个世代可以共居、相互照料的住宅，把个别私领域空间置于两端，中央部分则是公共空间与开放客室等缓冲地带，产生兀自独立又能共享的格局配置。家族聚会时，成人与小孩们有各自不同的使用空间，特别以毛玻璃折叠门创造出可弹性区隔的客室，也能利用全开放空间，举办亲友间的宴会活动时有宽广的活动空间。当屋主旅居海外时，这个缓冲客室的阻隔，则又创造出两个各自封闭独立的空间，利于外部人员进行打扫清洁工作。

软装配色

考虑家族成员整体对于色彩的接受度，客厅等开放空间以大地色系设计为主，兼具时尚及个性，电视墙的穿透设计成为男屋主“沉香木”收藏品的最佳展演舞台，也成为冷调色空间中的亮点所在。以女主人的喜好打造的厨房空间，以纯白系统厨具搭配黄色壁砖，呈现浓厚的时尚感。专属男主人的阅读视听室，爱马仕橙的运用增加了空间的节奏感和现代时尚感。

森呼吸

设计师受到多年好友委托，历时两年悉心打造充满自然原味的森林系居家，以「贴合居住需求」为主轴，为挚友一家人规划流畅动线。设计师认为本案在空间与采光有着既有优势，因此只要同时兼顾一家三代 6 口的需求，将动线合理划分，就能打造和乐融融的温馨居家。设计师结合女主人的时尚品味与男主人对于自然原味的执着，为楼中楼空间创造森林系独特风格。玄关以镜柜与玄柜满足大量收纳，独立厨房以灰玻收整动线，隔绝油烟与杂乱的可能性，并在玻璃上规划黑板墙，高度提升一家人在烹饪与用餐时的互动性。通往私领域的楼梯以嵌入式手法给予梯间明亮、轻盈的设计感，搭配大面积黑板墙与草绿色油漆，成为孩子快乐玩耍的另类小天地。另外，设计师特意在 2 楼额外规划起居室，提供一家人更紧密的生活的场景。

项目地点：中国台湾省竹北市
项目面积：198 平方米
设计机构：贺泽室内装修设计工程有限公司
主设计师：张益胜
摄影师：钟崴至

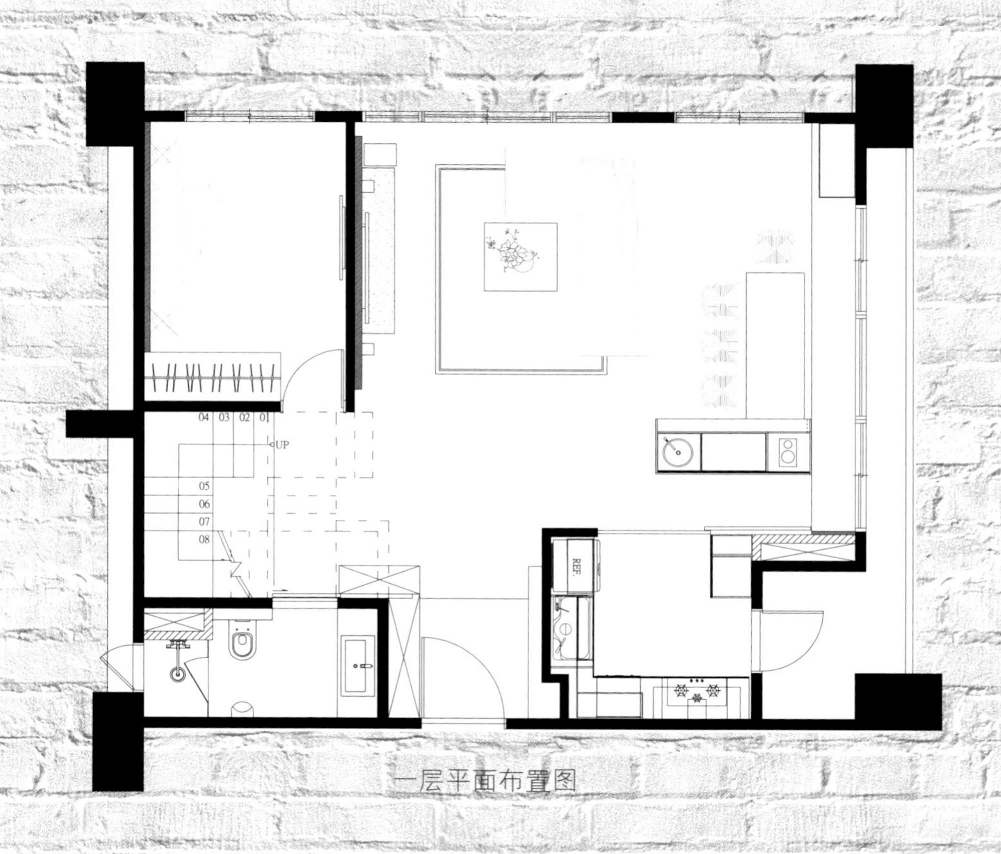

一层平面布置图

主要材料

桧木、铁件、不锈钢、榆木皮、系统板材

LUNCH

家具搭配

玄关以镜柜与玄柜满足大量收纳，客厅灰色沙发低调的同时又非常提升空间的气质与品位，沙发前大片空间铺上地毯，为孩子的玩乐提供场所，而侧边方形的沙发凳则可暂时充当茶几使用。餐厅区域，长条形椅凳加木椅组合，兼顾和一家六口的就餐需求。

软装配色

公共区域中开放式空间融合充满天然纹理的榆木电视墙与嫩芽绿色调，创造温柔润泽的视觉印象。餐厅区，橙黑色的吊灯作为点缀，为空间增加一抹温暖的亮色。楼梯设计同时兼顾空间通透性与明亮度，更结合童趣感，以宛如森林般的色调及黑板墙为孩子们创造游乐小天地。主卧则以水蓝色调涂刷墙面，营造清新爽朗的空间容颜。

采光照明

每个空间开设的大面积的落地窗为室内带来最为明亮的视野，室内楼梯运用嵌入式手法精心打造，通透开敞的空间增强了室内的自然采光。室内运用射灯、吊灯做主要的照明工具，餐厅餐桌上方采用三盏大吊灯，无论是色彩上还是材质上，都与搭配木质桌几、浅黄跳色椅凳十分契合，再点缀上些许趣味的摆件、盆栽，让空间饱满的同时，也给予空间故事性的独特品味。

THE
OMNIVORE'S
DILEMMA

LUNCH

材料运用

设计师运用开放式手法打造客厅，采用肌理丰富的榆木板材电视墙，搭配嫩芽绿色调的窗帘布以及青葱的绿植，仿佛森林就浮现在眼前，让人身临其境；通往私人领域的木质楼梯则采用嵌入式手法，制造出轻盈通透感，搭配草绿色混凝土墙面以及大面积黑板墙，让人犹如置身于充满生气的大自然当中。

设计师与女屋主因工作上的关系结识多年，两年前荣幸地受到邀请，以好友与专业身分参与规划她的新居。
这间屋子本身拥有极好的基础体质，空间尺度、地域环境、气场光线都是城市中少见的，我们的挑战是将设计贴近于居住者需求与动线合理化。(还有，如何别让朋友变成陌生人?)

两年间，无数假日与夜晚，我们怀抱婴儿，旁有失控小孩奔跑嬉闹，桌上散落手写草稿跟快餐餐点，大声热烈的聊天聊地，顺便讨论新家的样子，喔！不是顺便！我们可都很认真的把握忙碌空档，挤出宝贵时间的。过程中，有矛盾、质疑、鬼打墙，但因彼此信任，两年后，我才可以在这放上他们新家的照片，证明友谊关系还坚定存在。

女主人一直一直说：我真的很不想我们家变成森林啦！

男主人却喜欢自然原木风味的感觉，而且还不时有各种原木品忽然地移动到了他家。于是我们想法子做了许多折衷的设计，带点贺泽的味道，融合了男女主人的品味，以此呈现，希望大家也喜欢。

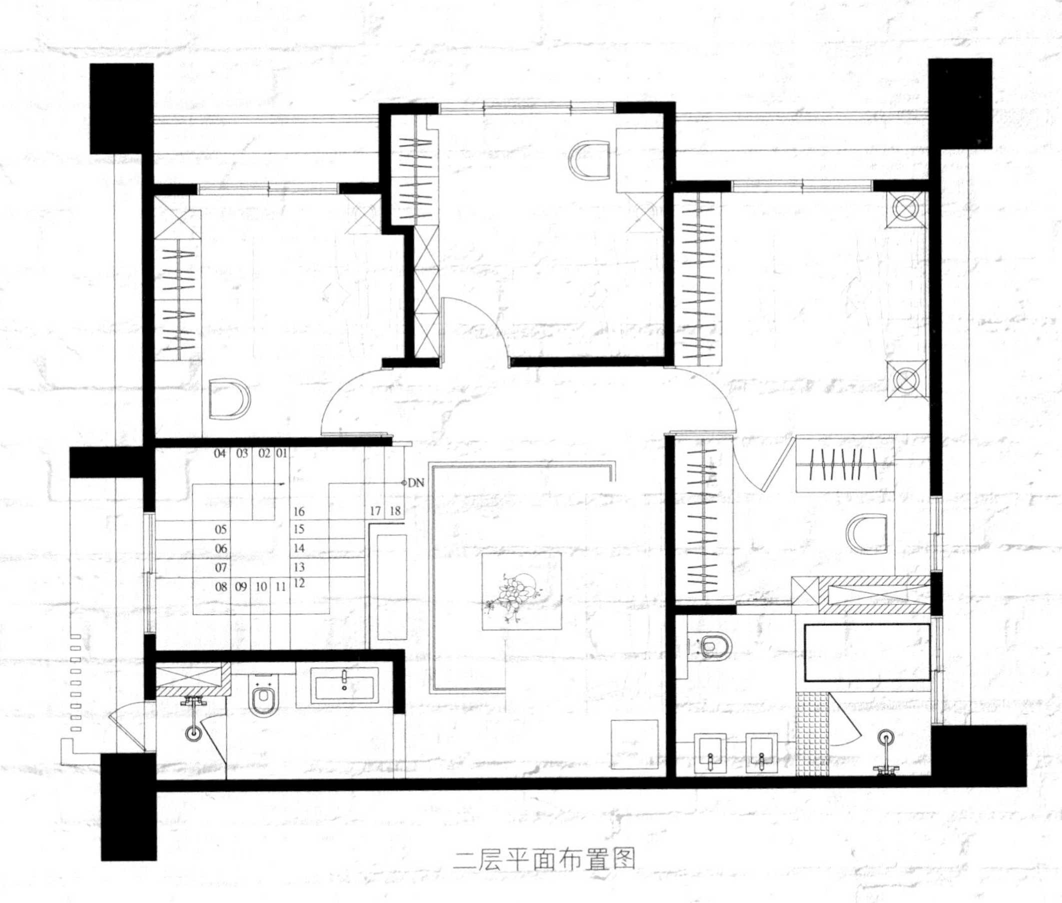

二层平面布置图

东方之星

项目地点：中国台湾省竹北市
项目面积：99平方米
设计机构：羽筑空间设计
主设计师：田志杰 谢榕宸
摄影师：刘欣业

羽筑空间设计将男主人喜爱的工业元素，以及女主人喜爱的北欧风格，以冷暖的色调分别挥洒在客厅与餐厨区。发挥空间潜能去悉心观察居者的生活喜好，藉由材质及线面的表现，演绎公共场域不同的仰望表情，如客厅的天与壁使用美丝板来包覆，餐厨区的柜面则使用克里夫系统板。干净的线面铺陈，推演出年轻夫妻喜爱的生活态度，让屋主来到公共场域，就能感受到家的温暖。

运用纯粹而简约的设计手法，简化空间复杂的元素，呈现舒适而自在的居家面貌。所以保留沙发后方的一处空间，让视觉与心境更加开放。

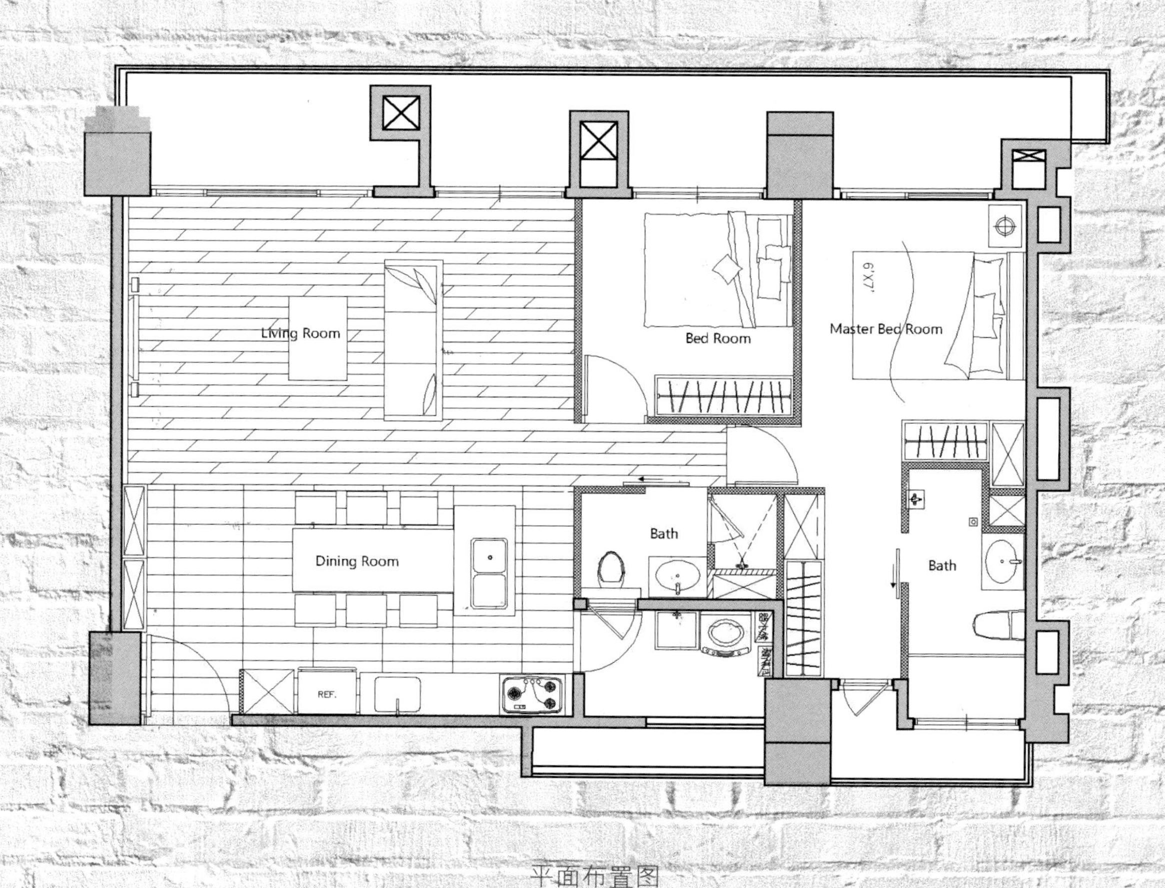

平面布置图

主要材料

美丝板、系统板、壁砖、进口壁纸、木栈板

空间规划

本案中，设计师将原先沙发后方的一房拆除，形塑成国外感的宽阔尺度。客厅与餐厨区的关系，以天花板、地面、墙面不同材质的铺陈来划分空间之机能性，将公共区域整体规划成视野开阔又功能明确的空间。吧台设置在厨房左侧靠近墙壁的方向，自然的形成进入厨房的通道，同时让出右侧空间，让玄关处明亮宽敞起来。

材料运用

步入室内，以材料和色调界分场域的客厅和餐厅空间令人眼前为之一亮。客厅的墙面与天花板使用美丝板铺设张贴，搭配铁艺木质电视柜、桌几，呈现出温暖的动态美感；而餐厨区灰色水泥地面搭配克里夫系统板柜体，则营造出冷冽的工业风色彩基调。二者之间对冷暖色调的运用形成了鲜明对比，两者结合也让空间显得更为独树一帜。

打开摩登生活的大器尺度

项目地点：中国台湾省桃园
设计公司：沐澄设计有限公司
主要设计师：刘得瑜、张惠靖
项目面积：132 平方米
摄影师：黄博裕

本案的材质上则以钢刷木皮的纹理笔触作为温润居家的基衬，搭配电视墙的大理石、镜面，以及金属等冷调材质，让温暖与冷冽的元素相互交错穿插，形成视觉对比，却又达成巧妙的平衡。一家 3 口的日常生活空间以开放式设计串连，为公领域创造更加宽广的自由动线，改以大面玻璃划出分野的书房。主卧室以沉稳的大地色系为基调，加上完善的收纳规划，赋予舒适机能性。儿童房纳入书房机能，而具利落线条的展示格，以不规则方式排列，更增添趣味性。

平面布置图

主要材料

天然木皮、大理石、铁件、玻璃、喷漆、镀钛金属、不锈钢

空间规划

本案中，拆掉了客厅与书房之间的实体墙，卸除实墙带来的拘束感改由通透的玻璃设计，将两个领域在视觉上连结，放大 132 平方米的生活空间。这样的设计不但保有空间的独立性，同时也让光线在各领域中能够自由穿透流动，立即获得多重面向的采光效益，点亮了清爽的生活氛围。

材料运用

公共区域以不同材质的交错效果，暖性的木元素用来包覆墙壁，玄关隔断和电视背景墙收纳隔板选用了金属材料，加上电视背景墙冷调的石材，制造出对比亮点，让时尚大器的居家氛围中，也能感受到满满的温馨感。

斯堪的纳维亚的礼物

不动格局的前提下，云司国际设计需挑战在不足三十坪的空间中，以简约温润的北欧工业风，满足五口之家的生活与收纳机能，设计师率先抓出空间的轴线比例，将通往客卫浴、男孩房、厨房、主卧房与女孩房的门片，依序整合入涵盖电视墙机能的木皮立面内，并利用过大的厨房走道规划备餐台，同时也纳入电视机柜使用，让出开阔舒适的空间感。格局的调整，也体现在主卧房中，设计师将梳妆台置于房间中央，让筛落床铺的敞亮光照，也能同时明亮开放规划的更衣室。

项目地点：中国台湾省新北市
项目面积：95.7平方米
设计机构：云司国际设计
设计师：廖笠庭
摄影师：邱创禧

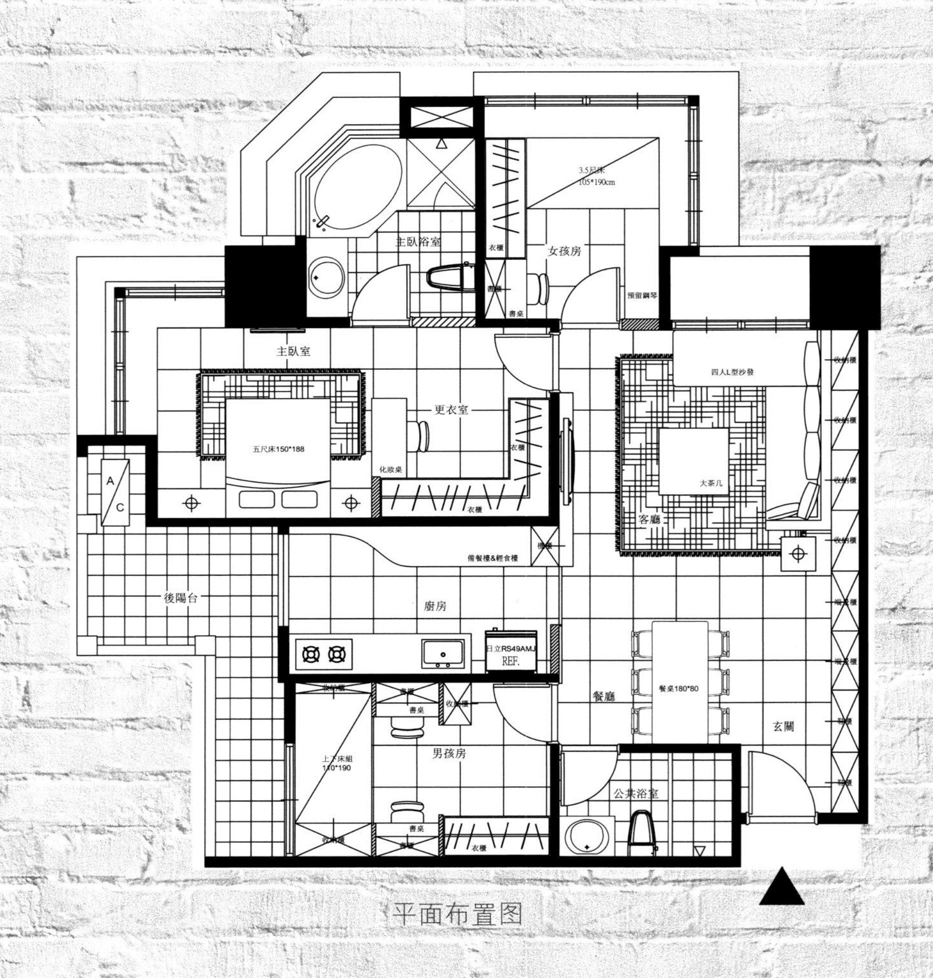

平面布置图

主要材料

木饰面、大理石、铁件、玻璃、磁砖等

INTERIOR DESIGN

收纳设计

因应人口数较多的储物需求，设计师接续玄关高柜线条，以悬浮手法规划长排鞋柜，收于沙发区后，改以上掀柜形式收纳换季的厚重棉被，留白墙面另运用造型铁件层架展示艺品收藏，将庞杂收于无形，仅留艺术生活感。从书桌、衣柜与床组一体成形规划的女孩房中，设计师考量女孩有较多的衣物收纳需求，贴心拉大衣柜尺度；而两个小男孩同享的男孩房，除了上下铺的设计，还利用床尾深度设计衣柜、并各自拥有独立书桌，即便两间卧房坪数皆不足 8.5 平方米，一样拥有完善使用机能。

材料运用

该户型最大的特点是设计师采用了大量暖橘色木材的墙面装饰以及家具选择，整个空间洋溢着温暖，自然的气息，简洁大气又不乏设计感。为保持进深墙面的完整性，整个电视墙面、电视墙顶部的天棚都采用暖橘色木板包封起来，营造内嵌式电视墙的视觉感受。中间的厨房门采用黑色金属框透明玻璃门，简洁又得体，与黑色餐桌椅、电视机相互呼应。

厨房门与电视中间的墙面还设计了内嵌式架子，完善了电视柜的收纳功能。

PRADA
PRADA

家具搭配

设计师根据主卧的空间尺度，按家具功能布局划分该空间，使空间和功能得到充分利用及发挥。在主卧靠近卫生间入口这部分空间设计了靠墙的衣柜以及书桌围合，还在书桌上方设计了悬空的深色镜面，既可以作为穿衣镜又能成为一个浅隔断，形成一个开放式衣帽间和工作阅读的功能兼备；浅隔断的背后就是相对更加静谧的就寝空间，摆放一张舒适的双人床，床头墙面与衣柜颜色协调统一成棕黄色，让空间更加整体统一。

木与石的现代利落表情

项目地点：中国台湾省高雄市
项目面积：198平方米
设计机构：千彩胤设计公司
主设计师：李千惠
摄影师：刘欣业

简洁的设计线条，搭配石材低彩度的黑白灰纹理，构筑现代简约设计表情。客厅仿清水模壁纸、白细石材与木色语汇，在大自然架构内呈现内敛跳色层次。位于同一水平线上的书房与餐厨区，透过灰玻与展示层架开放界定场域机能。餐厅设计游走于天花的光带具有修饰梁体与出风口，及变化空间多元表情的实际机能。书房大地温润的设计框架中，设计师采用现代利落的造型感灯具及桌椅，增添场域时尚度。卧室结合铁件与实木皮的展示柜体，藉由线条的迂回延伸轻盈量体。

主要材料

石材、日本壁纸、铁件、天然木皮、灰玻、黑玻、系统柜

客厅
仿清水模壁纸、白细石材与木色语汇，在大自然架构内呈现内敛跳色层次。位于同一水平线上的书房与餐厨区，透过灰玻与展示层架开放界定场域机能。

软装配色

无彩度的黑白灰，构筑本案现代简约的基础表情，石材的纹理层次与界面的亮度变化，搭配实木皮的温润跳色，表现低调内敛的质感语汇。玄关前方屏风处鲜黄铁件桌面以量体与色彩的对比性，巧搭出线条交错的设计趣味。男孩房，宝蓝色与灰色铺叙墙壁打造个性青少年房。

材料运用

从石材的肌理变化到木材的温润跳色，无一不巧妙地表现出低调奢华的质感语汇。客厅的墙面由仿清水模壁纸铺贴包裹而起，搭配白细石材与木材等，呈现富有跳色的层次感；而主卧室一面木质电视墙面肌理纹路之丰富，让人不由地赞叹大自然的鬼斧神工，搭配白色瓷砖墙，以及铁件与实木皮构成的展示柜体，彰显出朴素自然的丰韵。

灯饰照明

灯饰总是担当着工业风居室一个不可或缺的角色。比如餐厅那盏工厂吊灯，浅色色调依旧掩盖不了它迷人的光彩，配合光带做为背景的照明，搭配白色家具十分自然天成；卧室采用的机械壁灯特色十足，即可起到一定的装饰作用，也可供主人休憩、看书提供灵活的照明。

餐厅
游走于天花的光带具有修饰梁体与出风口，及变化空间多元表情的实际机能。

主卧室

结合铁件与实木皮的展示柜体，藉由线条的迂回延伸轻盈量体。

男孩房

宝蓝色与灰色铺叙的男孩房中，帽子柜与造型吊衣架的搭配打造出个性青少年房。

华联城市全景1栋D座

房子采用简朴而大气的现代风格进行设计。 在房子的空间设计上，玄关、书房、客厅、卧室之间的连接自然契合，充分体现了空间的合理性以及动线合理的便捷原则。在整体设计中，玻璃门很大程度上替代了原木门，在彰显现代风格的同时保持了房子的通透性。客厅中木质材料的运用与文化石形成了鲜明的对比，金属与玻璃的运用将这种对比延续下来，让空间在矛盾中获得奇异的和谐感。主卫同样延续着客厅和主卧高贵、大气的风格。整个房子中木料与大理石的组合运用，加上间或一两件别出心裁的配饰点缀，处处彰显着主人与众不同的品味。

项目地点：广东省深圳市
项目面积：155平方米
设计机构：台湾大易国际设计事业有限公司
主设计师：邱春瑞
摄影师：大斌室内摄影

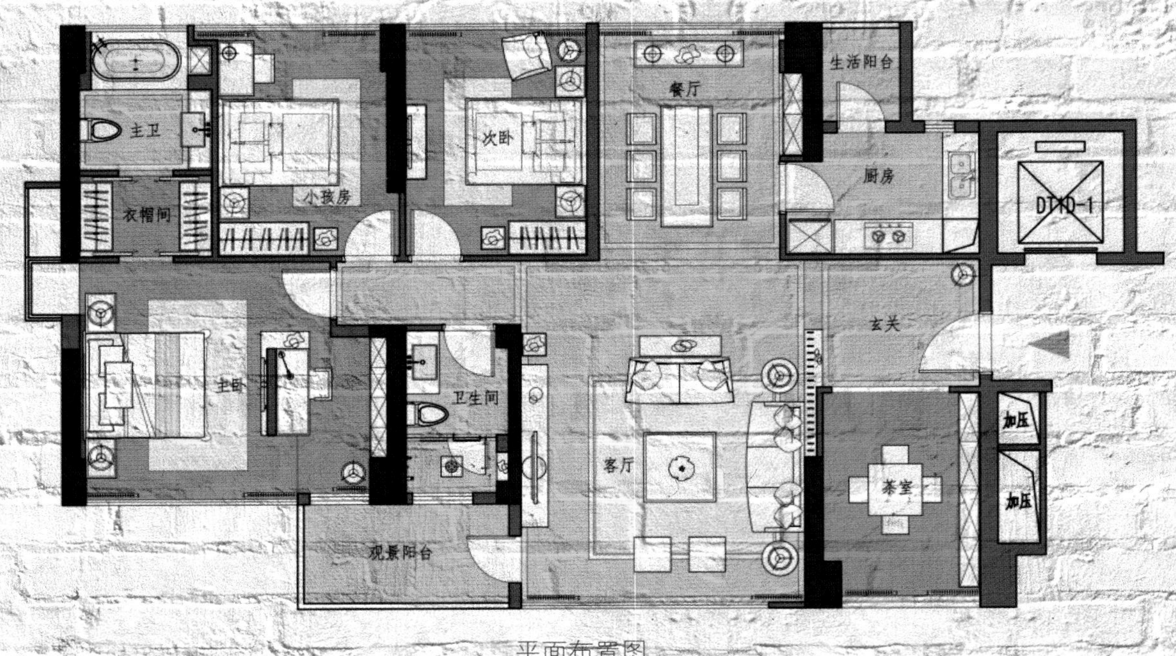

平面布置图

主要材料

黄金米黄、鱼肚白、白色人造石、砚石、 黑钛金、 皮革硬包、布艺窗帘、木饰面、木地板等

软装配色

在色彩运用上，整个空间以木色为主色调，搭配黑、白、灰三色使整个设计营造出一种大地风的感觉，于朴素中尽显国际范，于低调中尽显奢华。玄关、书房与客厅之间灰色调的运用，在起到过渡作用的同时也在视觉上扩大了房子的空间感。主卧中，原木色搭配暖色系的台灯，让每一个角落洋溢着家的温馨。随处可见的小型绿植点缀，顿时为空间注入活力与生气。

元素配饰

采用与众不同的配饰元素来作为点缀装饰室内，始终是工业风一抹别出心裁的亮点。其中，客厅不论是木质桌面还是石材台面，都摆放点缀着市面少见的绿植盆栽，在石材与木材的交错之间，摇曳生香，充满勃勃生机；再搭配上色彩寡淡的装饰画，呈现出十分契合工业风的色彩基调。

家具搭配

客厅中，白色的布艺沙发柔和了金属书柜和大理石茶几所带来的冰冷感，金属桌子与暖色玻璃照灯的搭配也堪称冷硬与柔和的完美结合，木质躺椅与金属落地灯的组合延续这种碰撞感的演绎，搭配出最和谐的律动。餐厅别出心裁的餐椅造型，则彰显着主人与众不同的品味。

材料运用

本项目整个空间主要采用木料与大理石材料，局部点缀特色配饰、绿植盆栽等，彰显着主人非凡品味。其中，客厅采用木地板、木质拼接电视墙等木质材料，与朴素的文化石形成鲜明对比；在主卧中，不论是墙壁、地板，还是床、床头柜等，都使用原木材料，搭配暖色系落地灯、绿植等，洋溢着些许温馨。

主卫同样延续着客厅和主卧高贵、大气的风格。整个房子中木料与大理石的组合运用，加上间或一两件别出心裁的配饰点缀，处处彰显着主人与众不同的品味。在色彩运用上，木色为主色调，搭配黑、白、灰三色使整个设计营造出一种大地风的感觉，于朴素中尽显国际范，于低调中尽显奢华。

心·对话

整体开放式的空间中，自然光线无拘无束的由大面落地窗洒进来，呈现温暖、明亮的氛围。公共区域一整面以板材拼接的电视墙，前卫的脉纹肌理表现了浓烈艺术性格，成为空间中的强烈视觉焦点。

项目地点：中国台湾省新北市
项目面积：92.5平方米
设计机构：一水一木设计工作室
主设计师：谢松谚
摄影师：禧数位摄影工作室

主要材料

不锈钢铁、铁件、木作、系统板材

材料运用

客厅一整面运用板材拼接的电视背景墙惊艳众人视觉，其丰富的肌理脉络表现出浓烈的艺术感，而彰显出木材轻柔质感的沙发背景墙则与其形成鲜明的对照。不论是浓烈风格的板材电视墙，还是延续轻柔调性的沙发背墙，双双轻易虏获人心。信步客厅，一张实木长桌搭配着蔚蓝色、芥末黄的餐椅，鲜亮的色彩在家庭聚餐时让人容易心情愉悦，大饱口福。

软装配色

白色的墙壁和天花，深木色地板，所以沙发背景墙设计为自然的木色作为空间的过渡。用餐区的实木长桌框起一家人朴实自然的用餐氛围，搭配蔚蓝色、芥末黄的单椅从沉静木质中跳出色彩亮点，增添用餐时的愉悦心情。落地窗旁摆上一张水蓝小椅和大量天然木色铺述出清爽自然的空间氛围。

设计说明

沙发背墙则延续和缓而温柔的木质调性，与风格强烈的电视墙形成对比。来到一旁的餐厅空间，向内延伸为机能完备的厨房，用餐区的实木长桌框起一家人朴实自然的用餐氛围。而拥有采光优势的卧室，将电视墙嵌入收纳柜体的设计，相当实用而且美观。大量木材的运用，令人一回到家就能放松心情，舒适地享受居家生活。

空间规划

客厅与餐厅分设于室内两端，利用开放式手法相互连结，整面落地窗让充沛采光盈泻入室，清新日光照在木质板材上，提亮了家的温馨暖度。餐厅空间，向内延伸则是机能完备的厨房。玄关处选用了铁框搭配玻璃的屏风，软性界定了玄关、餐厅、客厅三个区域。

简约工业风

时尚工业风

公寓整体开放式的公共区域，利用材料在视觉上加以区分，通过块面材料的变化界定出不同空间。格栅背景代替实体墙界定了餐厅、厨房以及客厅的功能区域，扩大整体空间感，让光线可以彼此互通，同时模糊就餐的氛围，加强了家庭成员之间的对话。

项目地点：俄罗斯莫斯科
项目面积：约 240 平方米
设计机构：TOLKO interiors
图片提供：TOLKO interiors

主要材料

石材、烤漆板、镀钛金属板、铁件、实木地板等

材料运用

本案的材料石材、木材为主，加入镀钛金属面板和玻璃材质提高空间的时尚感。客厅地面采用灰色掉石材，耐磨且隔绝灰尘。厨房和餐厅采用了木质地板，木作的温润舒适，带给人自然放松的感受。卧室床头背景墙，铁件和法兰绒的完美结合，为空间营造出低调的奢华之感。

软装配色

设计师大胆的采用棕色作为视觉的主色，打破大面积的灰色调的沉稳、素雅，让人感到眼前一亮。客厅旁的更衣间外墙被打造成具有反光效果的亮橙色，正好与客厅一侧的双人橙色沙发相呼应，为空间带来高雅的绅士风度。

KELLY HOPPEN

80平极简阁楼公寓

在这个建筑世界里，一切都是那么简单干净——简单的形式处理、简约的颜色选择和选用的自然材料。这个设计概念从一开始就是从男性视角出发的。

项目地点：意大利
项目面积：80平方米
设计机构：TOLKO interiors
图片提供：TOLKO interiors

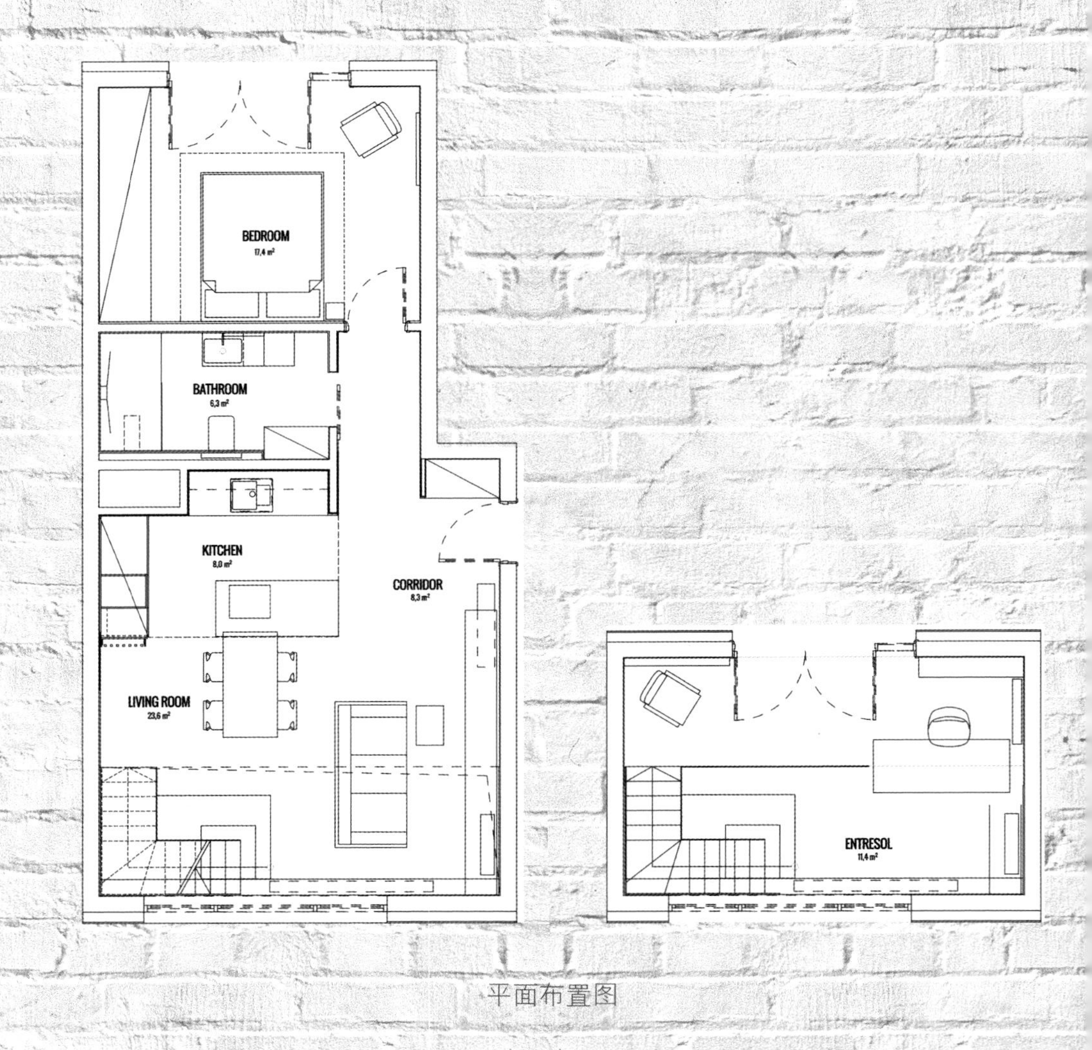

平面布置图

主要材料

木材、金属、玻璃、石墨构件

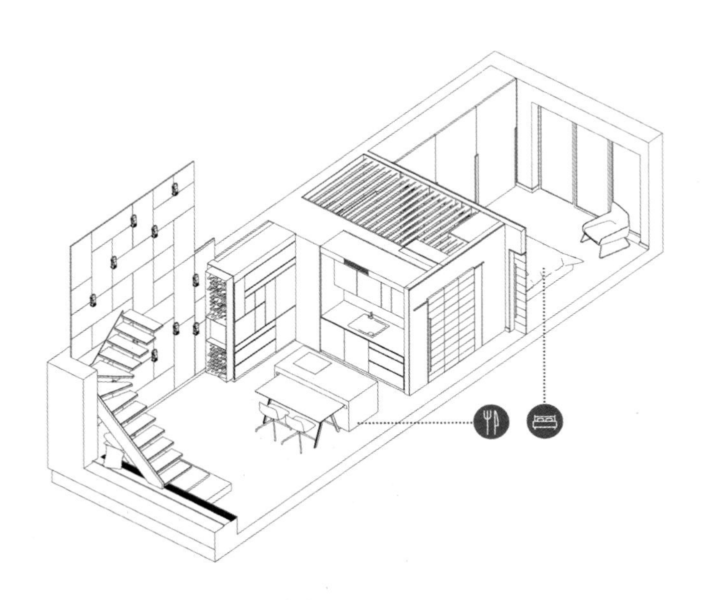

一层平布置图

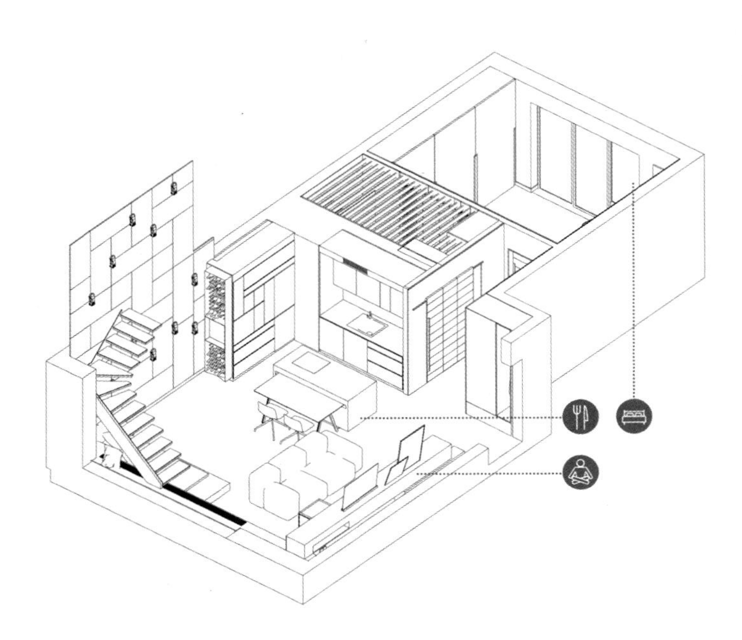

二层平布置图

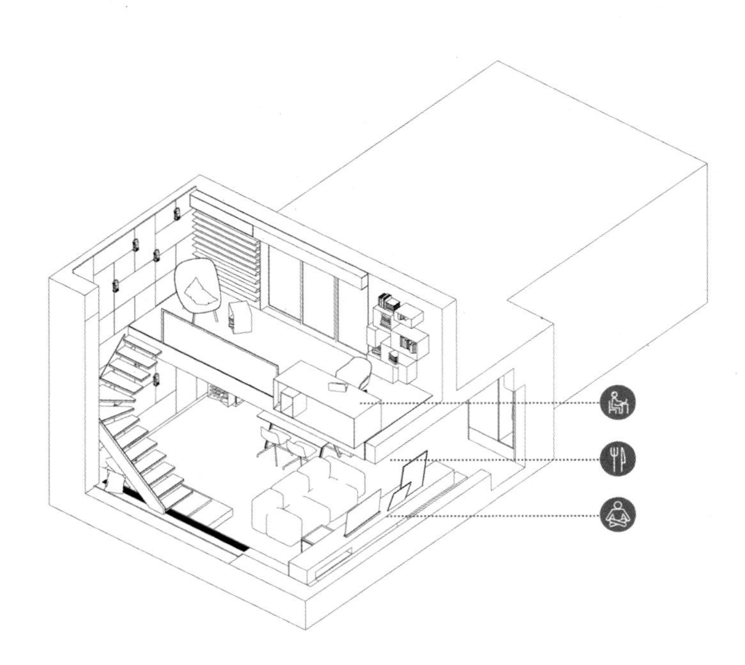

三层平布置图

设计说明

在这里，人们一进入公寓就可以享受到穿过大窗户洒进室内的阳光。公寓内的家具单元都经过了精心的设计，因此它们共同创造了一个连贯的体系。Metaforma Group 的设计师面临的挑战是统一协调两位居住者的空间需求。他们中一个是红色法拉利的收藏家，另一个则是音乐发烧友。这些收藏品摆放在室内，用有趣的细节丰富了空间。该项目的特点是一个用于工作的夹层空间。它的一个最大的优势是它位于建筑屋顶平台的旁边。夹层的宽度不允许放置经典款式的桌子，因此，建筑师提出在一个金属架子上，升起一个小隔间（这个不是很确定，看图纸就是一个金属架子悬挑出夹层楼板，在金属架子上支起一张桌子，作为桌子，伸出夹层的楼板，扩大了工作空间。）

运用在公寓中的改造方案满足了住户的需求。男性的视角加强了材料和色彩的经济性。工业金属、混凝土和石墨构件共同作用，出现在每个房间中，花草树木为其增添了一丝暖意。就像是绵软的蛋糕上的深蓝色酥皮。

男性的视角意味着简单而具有表现力，而不是阴冷和生硬。多亏了这些暴露在外的个性化细节，室内空间已经变成了居住者的个性展示空间。

空间规划

当建筑师进入房间的时候，他们注意到了一处意想不到的景色——周围的郁郁葱葱的老树。秋天里，红、黄、棕三色是最好的自然背景。所以为了最大化开放空间，设计师拆除公寓入口处的一片墙，让自然光线和美好的景致以最完美的面貌呈现，成为空间最好的装饰。另一处空间改造是对原先通向夹层的室内弧形楼梯的改造。建筑师将螺旋楼梯的一部分沿着玻璃立面布置，这样可以更好地布置起居室空间。楼梯的纵梁连接着加热器外壳，形成了电视柜的背景。

材料运用

本项目主要采用木质地板、局部混凝土砖墙搭配工业金属、混凝土和石墨构件等材料，来装饰室内各个空间区域，其间点缀花草树木平添脉脉暖意。其中，餐厅采用黑色铁艺木质桌椅搭配同色系、同材质的楼梯，造型上粗犷时尚，极具工业感。

SAMSUNG

SAMSUNG
SAMSUNG

采光照明

本项目通过拆除公寓入口处的一面隔墙，为公寓提供最大化的开放空间；另外，楼梯处运用巨大的落地窗，利于新鲜空气流通的同时，也增强了室内的自然采光。
室内还运用射灯作为主要的照明工具，无论是客厅、餐厅还是卧室，都可以看见它们不知疲倦的身影。

Simple Plan

用最单纯的想法与材料，设计出一间生活住宅应该有的基本样貌，没有华丽的技巧、没有昂贵的材料，只有用心的设计与细腻的思考，一切不多，不少。我们追求的是一个干净利落并且耐用耐看的舒适生活空间，这是我们二三设计的住宅简单计划。

项目地点：中国台湾省桃园市
项目面积：130平方米
设计机构：二三设计
主设计师：张佑纶 陈俊翰 温奕谦
摄影师：MD Pursuit

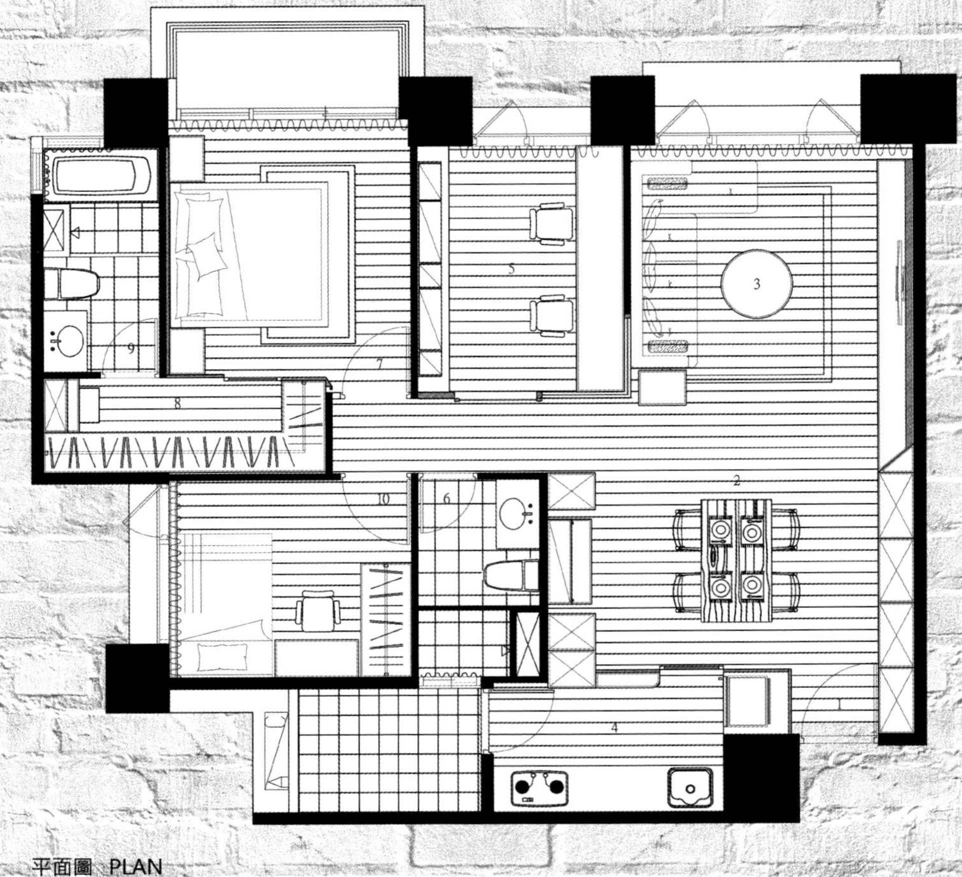

平面圖 PLAN

1.玄關 2.餐廳 3.客廳 4.廚房 5.書房 6.公衛浴 7.主臥室 8.更衣室 9.主衛浴 10.次臥室

平面布置图

主要材料

清水模涂料、铁件、木皮染色、美耐板、烤漆、喷漆、灰玻璃、长虹玻璃、灯光情境系统、系统柜、壁纸、皮革、窗帘、超耐磨地板、订制家具

材料运用

本项目采用裸露的白色天花板搭配暖色的木质地板，简约而富有工业质感；其中，客厅采用的铁艺桌几都带有木质的桌面材料，与木质地板相互呼应；餐厅、卧室等空间采用的局部木质墙面与柜体，也为冰冷的工业风室内空间增添了一丝丝暖色。

家具搭配

玄关处大片柜体延续进来直到客厅，满足家庭收纳需求同时又兼顾了装饰功能，白色为主的配色让人感觉清爽不压迫。公共区域，一片 L 形布艺沙发拉开了空间对于生活的畅想，圆形的组合茶几简约而不简单，线条状细腿设计显得干净利落，正如设计师想要表达的生活哲学。餐厅的桌椅采用了多种材料的混合搭配，丰富了空间的视觉效果和就餐体验。

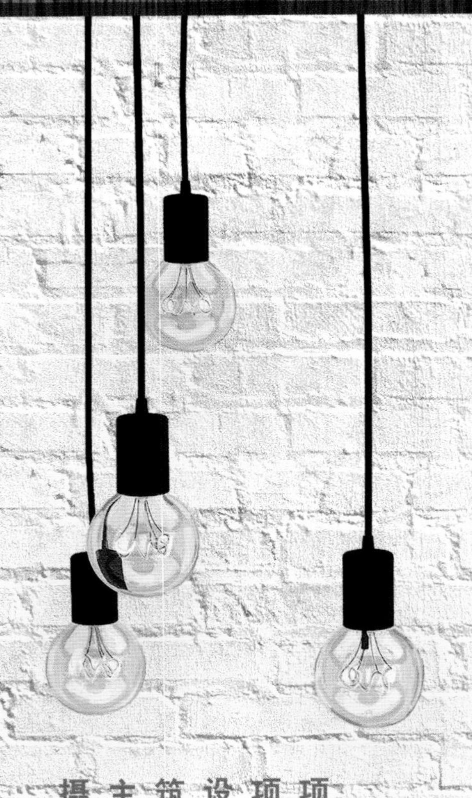

翠湖陈宅

如何在「个人区分所有」和「公同共有」两种空间中取得平衡，这是女性世代设立的重要选题。这个设计案中的格局规划想法，让「共享」和「取舍」成为这种新世代住宅设计时的最佳解答，创造出不同于一般格局和想法的「SHAREHOUSE」。

项目地点：中国台湾省台北市

项目面积：112.2平方米

设计机构：CONCEPT 北欧建筑

主设计师：留郁琪 黄育廷

摄影师：张晨晟

主要材料

松木、清玻璃、铁件、ICI 跳色涂料、花砖、浴室防水漆、造型铁件、不锈钢

LET YOUR
DREAMS
Fly

采光照明

大量的留白处理为空间创造出明亮开放的通透之意，以此在一定程度上增强了室内空间的自然采光。室内餐厅餐桌上方悬挂着组合吊灯，黑色极简的造型借由细长的绳索直达天花之上，洋溢着金属质感；搭配铁艺木桌椅，不管是在色调上还是在款式上，都相当之匹配，富有工业风朴素自然的质感。

空间规划

全屋透过大量留白，创造出明亮开放的空间感。设计师大胆舍弃既有三房格局，改为采用一室的卧房空间规划，并让卫浴、柜收纳空间集中于一处，创造更佳的使用坪效。缜密的餐厨空间规划，成为分享与纪录料理过程的最佳舞台。弹性隔间设计让客室空间存在可能，让晚归的家人可以在此活动或休息。卧室与卫浴空间的一体性，公共区域和家事作空间的集中，可依使用情况维持开放或封闭的私密性。

材料运用

厨房局部黑色壁砖充满如同镜子般闪耀的石材质感，搭配红色、绿色、黄色的餐具，二者交相辉映，十分引人注目；浴室在铁框玻璃门的隔离下，采用瓷砖铺设地面，搭配局部壁砖墙面，以白色的主色调为纽带而相互联系，营造出粗犷而不失品味的居住氛围。

设计说明

原本就住在一起的三姐妹，在一位结婚后其余两人决定离家自立，利用多年累积的积蓄买下新屋，希望能过着自己梦想的新生活。想要明亮宽敞的空间感、想要以往不曾拥有过的卫浴和厨房设施，在空间和装修预算有限的情况下，她们选择维持孩提时的生活模式，共享卧室、衣帽收纳和卫浴空间，甚至仍保留原本的旧有双人床，为的就是将资源投入在能创造良好活质量的餐厨空间，让他们享受最爱的烹饪兴趣，并且透过纪录与朋友们分享每次料理的美好过程。晚婚女性时代，在逐渐累积经济基础后，选择和亲人共居的倾向逐渐显著，面对现实的经济条件，在空间和预算受限的情况下，要如何居住？要过何种生活方式？

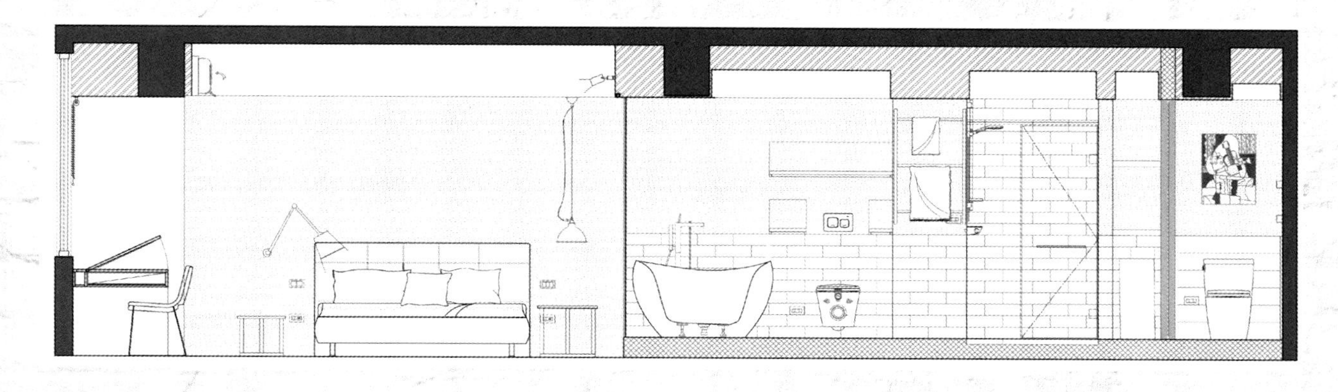

C1-现代

本案以现代工业风为基调并加以改变，减少粗犷的工业设计，增添空间的简约气息。设计师以白皙的大理石和温润的木材形塑的开阔空间，让主人在家中有一种随心所欲的自在感。不论是公共区域墙面的艺术挂画、创意感十足的造型楼梯和富有特色的灯饰等，还是主卧阁楼式的屋顶以及阳台外令人舒适休憩的一隅，都让整个居室产生与众不同的特质。设计师通过各种不同的处理手法，将空间舒适感发挥到了极致，令空间散发着独特个性。

项目地点：广东省深圳

项目面积：约 420 平方米

设计机构：深圳世纪方圆设计工程有限公司

摄影师：深圳世纪方圆

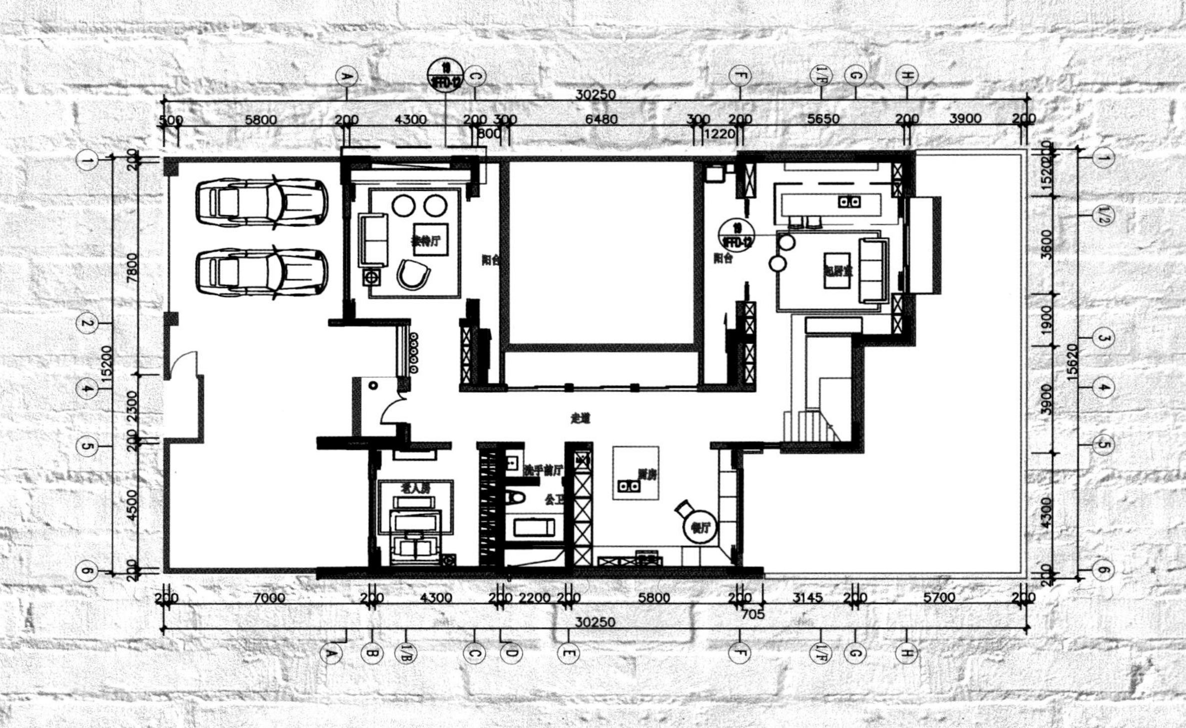

1F FIXTURE & FURNISHING PLAN

一层平面布置图 SCALE 1:120@A3

主要材料

大理石、瓷砖、木材

LUCKY SPOOL'S
ESSENTIAL GUIDE
MODERN
QUILT MAKING
From Color to Quilting:
10 WORKSHOPS
LUCKY SPOOL'S
ESSENTIAL GUIDE
MODERN
QUILT MAKING
From Color to Quilting:
10 WORKSHOPS
MORAND
MORAND
KELLY HOPPEN STYLE
DESTINY

DISTILLED
COOK BOOK
COOK BOOK

KEEPING TIME

软装配色

餐厅白色大理石材质的料理台和灰白纹地面给予空间明媚的开阔感。料理台一侧浅绿色的墙面创造清新、自然的空间印象。蓝色的挂画如浩瀚的大海，让时间在空中静静流淌，将喧嚣隔离在外，让就餐的时间变得缓慢、悠长起来。

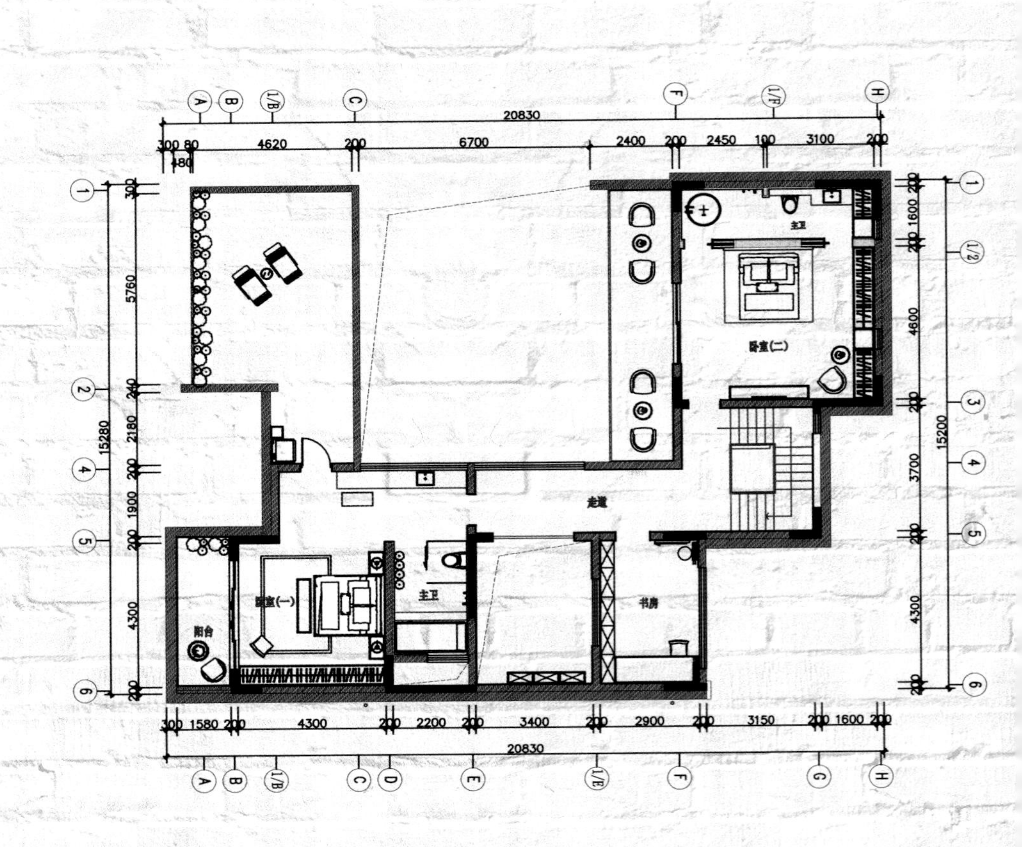

2F FIXTURE & FURNISHING PLAN
二层平面布置图 SCALE 1:100@A3

空间规划

为保证厨房空间功能的充分发挥，设计师将一个长方形的料理台放在餐厅的正中，强调了“烹饪”的空间地位，也鼓励其它家庭成员可以参与其中，同时半开放式的设计借入了过道的天光，让空间更显明亮。楼梯转交的墙面设计成书柜，连接楼梯的石台形成一处造景，同时也可以随手取一本书，坐此阅读，或是与亲朋在此闲聚。

BEATLES
Pink Floyd

Asia-Pacific HOTEL

日光原色

此案拥有良好的双面采光及开放性空间，屋主本身爱好音响电玩、收藏模型、模型喷漆、阅读等兴趣与习惯，设计的前端，透过层层透视的交错手法，藉由玄关入内，木作展墙的视差，将视觉的重点延伸至最后方的端景上。

项目地点：中国台湾省新竹市
项目面积：180 平方米
设计机构：庵设计店
主设计师：陈秉洋
摄影师：李国民

平面布置图

主要材料

钢刷木皮板、铁件、塑合板、玻璃、烤漆、超耐磨木地板

SKYRIM

采光照明

此案采用双面采光以及大面积的窗，制造出开放性空间，再结合屋主本身的爱好，设计师运用层层透视的交错手法，将视觉的重点延伸至最后方的端景之上。移步室内客厅空间，一盏黑色落地灯矗立于同为黑色调的沙发旁，铁艺的网格灯罩搭配光感舒适的钨丝灯，极具工业风特色，也为客厅增色不少。

设计说明

屋高因有大梁与高度的受限，型随机能而生，将空调等相关电路设备局部修饰以外，其余均采用裸露的手法，展现出原本建筑物脱模后的板块质感与争取的屋高。

沙发后方的模型展示区，综合着架高收纳与屋主的兴趣，透过沙发后矮墙的布局，可区分出不同空间的定位使用。

木墙隔间，厨房隔间上刻意的开了一口，既是送餐口亦是与外侧产生对话的一处窗，在此处，女屋主与小孩的互动可以很生活化，也可以一并监督照料。

软装配色

以白色为主调的空间中，中心区域灰色的沙发和黑色工业风落地灯奠定了空间的整体格调。大量的使用让空间温润柔和起来，屋主的收藏则成为点缀空间的色彩亮点所在。书房则采用了柔和的灰绿色，抹上一点绿意，在工作区吸收大量的书籍知识，却也可以得到一点清幽。

空间规划

本案中，屋主喜爱收藏模型，因次设计师在公共区域辟出单独一个空间作为藏品的展示区域，并未借由提升地面高度的方式，让收藏架得到充分的展示，成为空间中的一大亮点，半隔断的设计形式保留了空间原本良好的光线条件，也为孩子提供一个单独的娱乐空间。厨房的外墙采用全木质结构，为空间增加温馨之感，靠近餐桌一侧，墙面的开口增加了女主屋与孩子的互动性。

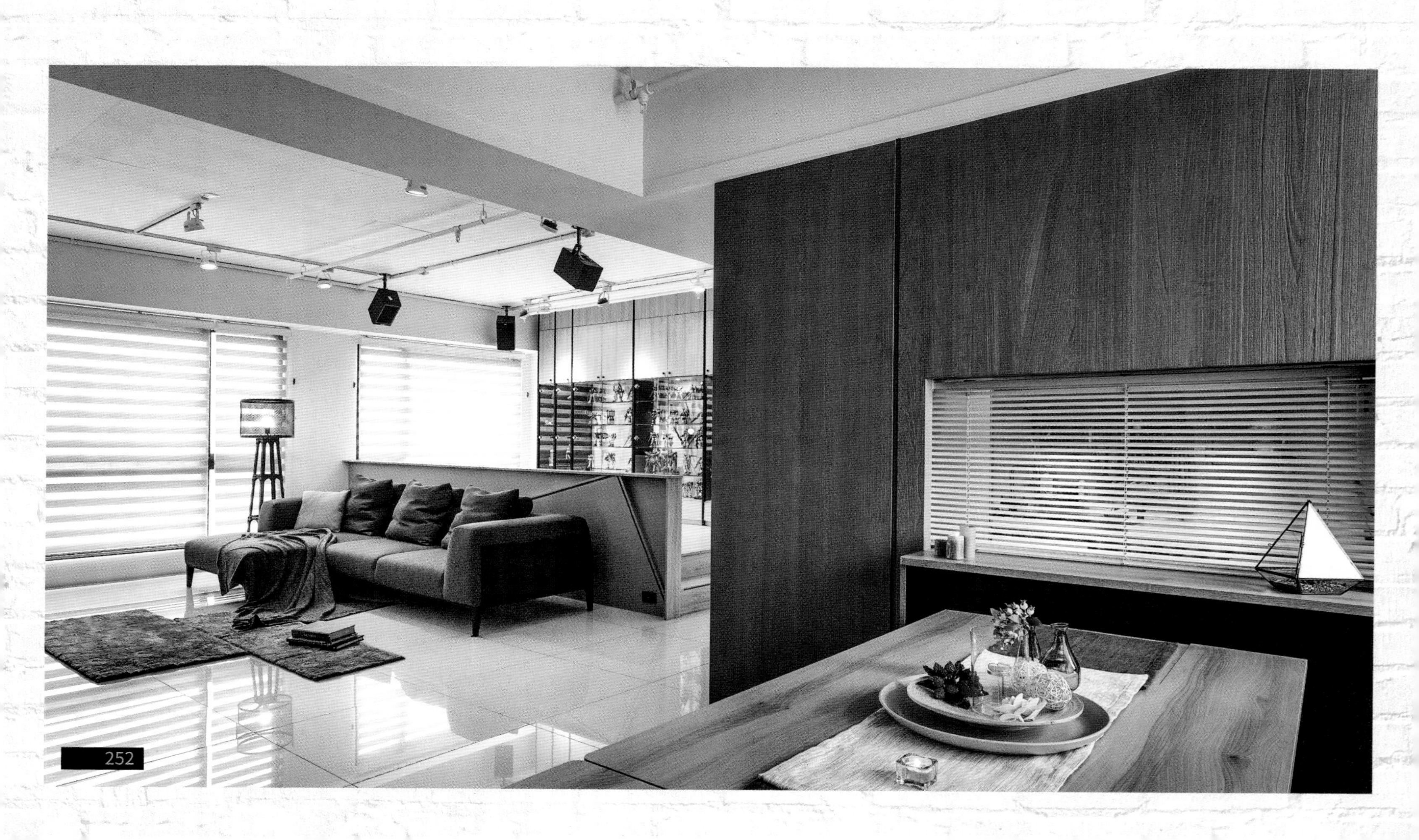

书房则采用了柔和的灰绿色，抹上一点绿意，在工作区吸收大量的书籍知识之余，也可以得到一点清幽。

万华李宅

该案例位于台北繁华热闹的地段，受各种因素的影响，旧宅采光非常差，即将成家的年轻二代希望在重新改装时，旧屋的问题能透过格局的重新规划，一一改善。

在处理本案旧屋改造规划时，设计总监 Doris 与设计团队的首要之务，就在于打开空间。由于建物本身楼高就相当受限，加上原先室内的天花板封顶，又弱化了整个空间的可用性，因此设计团队决定先拆除天花板，改变空间原有的格局规划和线路走向，改善光线条件。

项目地点：中国台湾省台北市

项目面积：132 平方米

设计机构：CONCEPT 北欧建筑

主设计师：留郁琪 黄育廷

摄影师：张晨晟（Ken Jang）

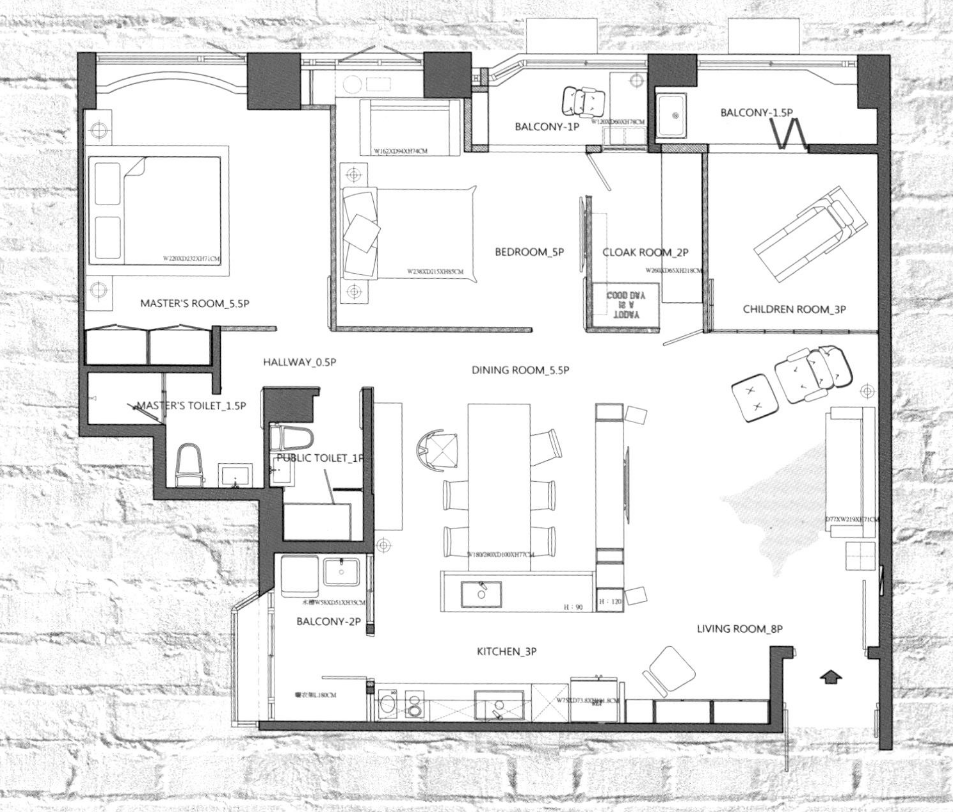

主要材料

钢刷木皮、烤漆、铁灰铁件、清玻、烤漆黑玻璃、UA 木地板等

材料运用

采用钢刷木皮、烤漆、铁灰铁件、清玻、烤漆黑玻璃等材料倾力打造的居室，让材料在不经意间发挥出最大的潜质。更衣室置物架采用的木材搁板与木质地板互为呼应，黑色水管造型衣架也与裸屋顶上的白色塑料管线仿若如出一辙；客厅浅色水泥地面搭配黑铁玻璃隔断，显得通透开敞，在室外阳光的掩映之下，无一不把工业风的精髓表达得淋漓尽致。

空间规划

住宅位于台北市西门町热闹的街区，大楼本身已有相当历史，由于周围建物紧密加上环境条件的诸多限制，住宅楼高与室内采光都不是相当理想，屋内甚至在白天也必须开灯才能有清楚的视野。为了改善这种状况，设计师重新规划了灯具与电源线路的的通道，将垂直空间放到最大，同时改变原有格局，让出光线的通道与更多穿透性空间的设计，为空间创造更多的明亮视野。

设计说明

由于住家因为座向关系，只有面北部份才有明亮的开窗，然而原本的隔间却阻碍了自然光的通道，造成屋内总是昏暗。设计总监 Doris 把面对玄关的空间规划成可弹性使用的客房，并藉由以黑色铁件支撑的玻璃框架，做为与客厅起居空间的间隔，同时设计出非常特殊的机械式可动窗户，完美地与整个框架结合，利用可180 度旋转开窗的特点，创造光与风的良好通道。

自然采光

设计师首先将原本弱化空间视线的天花板拆除，从而使室内垂直空间最大化。同时，对卧室与客厅的水平配置加以变化，通过格局重整以及穿透性空间的设计，创造出更多的通透视线。另外，设计师还将面对玄关处的空间，用黑铁玻璃隔断做间隔，搭配设计巧妙的机械式可动窗户，创造成一处采光与通风良好的客房居处。

桃园陈宅

项目地点：中国台湾省桃园市

设计公司：诺禾空间设计有限公司

主要设计师：萧凯仁／翁梓富／张家翰

项目面积：360M^2

主要材料：石皮／铁件／大理石

摄影师：李国民

创作灵感是来自于葛饰北斋的“富岳三十六景—信州诹访湖”，将画作里的树、山、湖泊、草屋、小船转换为材质应用。透过岛或亭的空间概念，来作为整体配置的焦点，看似孤立却又与周遭环境融合；空间与空间之间的互动关系也因空间没有明确定位，使互动关系多一些暧昧，藉此来诱发新的生活经验。黑色垂直构件、黑色格栅、黑色壁板是“树”的意象，灰色粗犷、不规则肌理的石皮及玄武岩“山”的意象，架高木平台及黑色框架是“草屋”的意象，米黄色大理石地板是“湖”的意象，独立一隅的单品则是“小船”的意象。

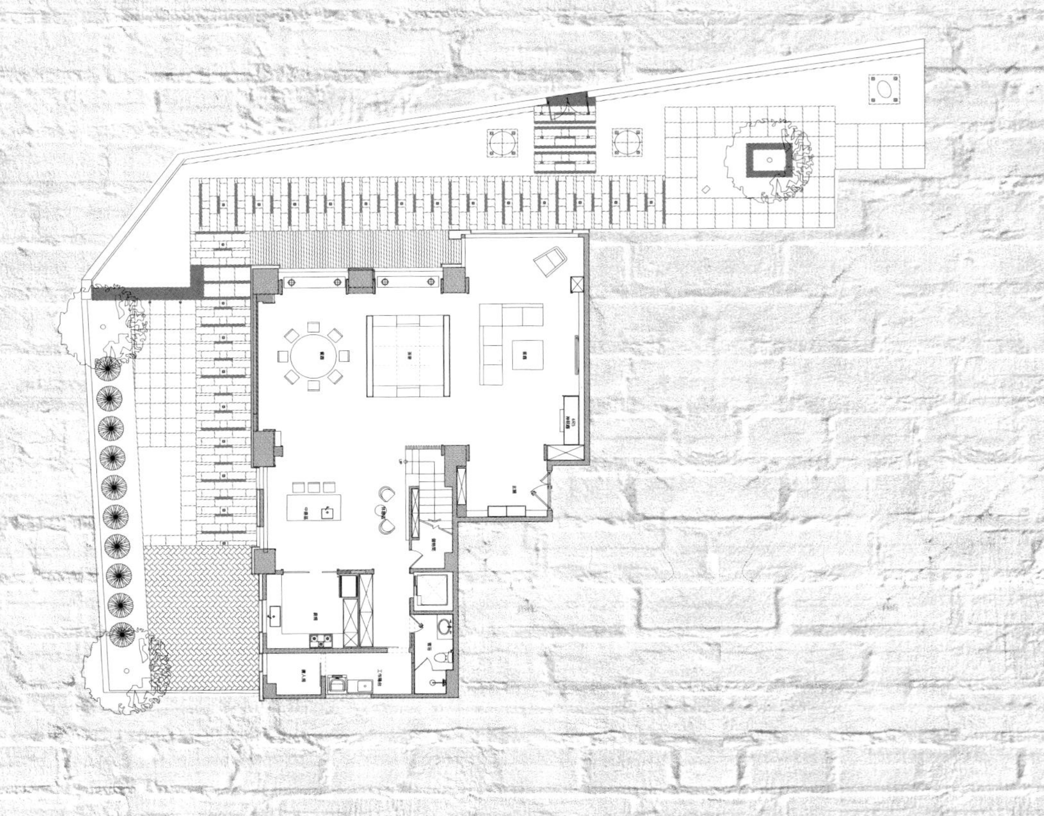

主要材料

文化石、铁件、实木染色、木饰面、大理石等

空间规划

公共空间，采用无隔间墙设计，开阔宽敞的空间感，散发无压放松气息，运用悬吊式铁件作为空间界定，显得轻盈有型。客厅与餐厅之间的茶室，悬空地板的设计和隐藏电动桌，让空间更显宽敞明亮。厨房的中岛吧台，巧妙的解决开门见灶的问题，也为空间增添几分现代时尚感。

材料运用

拥有自然纹理的天然石材，让用餐空间更显大器沉稳，铁件的运作代替墙壁，显得通透以及拥有循序渐进的层次感。通往 2 楼的楼梯旁，运用深色的玄武岩砖墙和温润木素材，散发自然悠闲的放松感受。卧房延续公共空间的设计，以米色系搭配温润木素材，营造温暖舒适的气息。

C J T HOUSE

C.J.T. 除了是屋主一家三口的英文名字缩写，同时也代表了：Comfortable（舒适）Japanese-style（日式）Temperature（温度）。此案屋主本身很喜欢现代日式简约风格中既粗旷又细腻的质感，因此我们在室内设计上努力试着用最单纯原始的色彩与极细腻的手法来打造这个空间。

项目地点：中国台湾省新竹市
项目面积：146 平方米
设计机构：二三设计
主设计师：张佑纶 陈俊翰 温奕谦

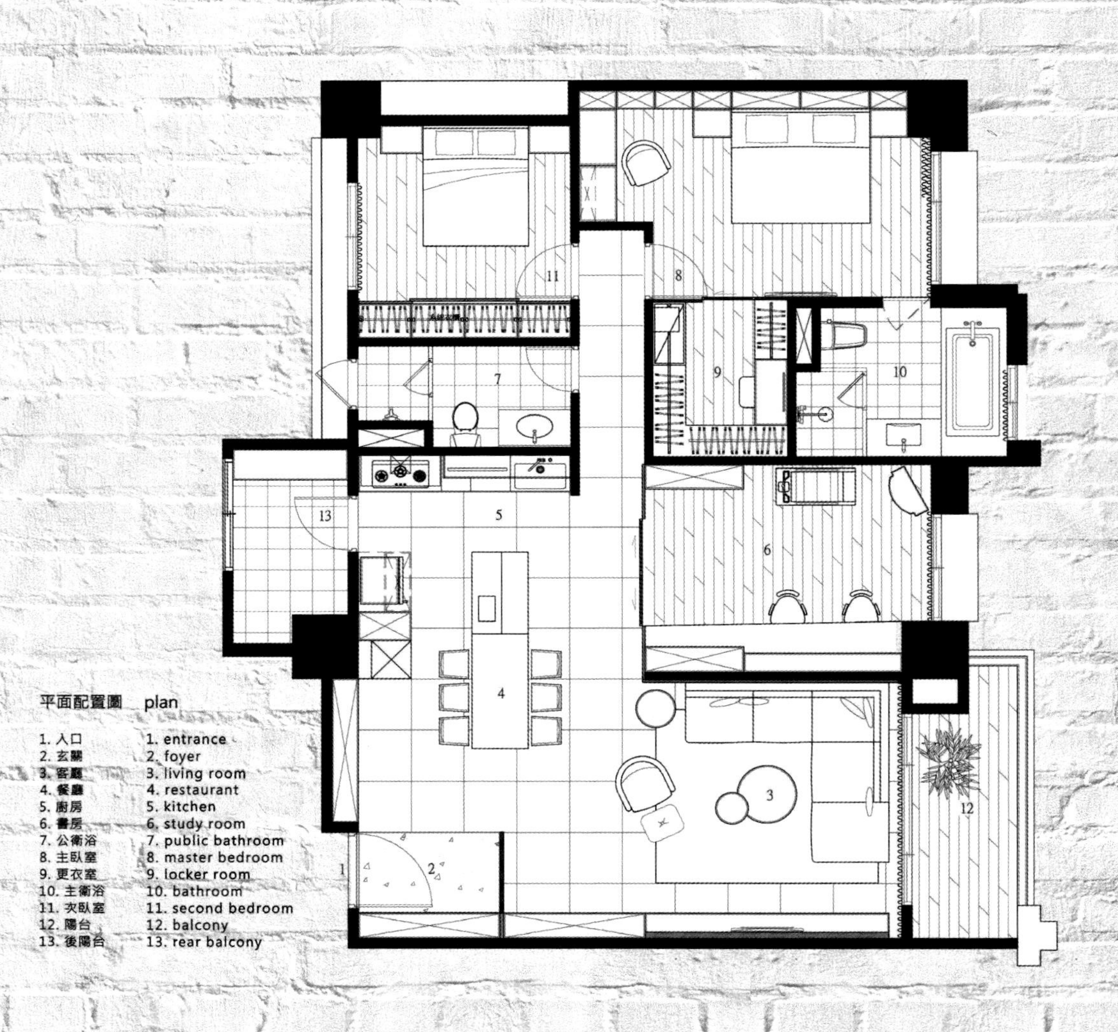

主要材料

清水模涂料、花岗石、人造石、铁件、不锈钢、灰镜、特殊玻璃、黑镜、胡桃木、美丝板、烤漆、黑板漆、灯光情境系统、进口壁纸、皮革

设计说明

原本因建筑格局而无采光的餐厅空间，藉由打开后的半开放式书房兼休闲室而明亮了起来。超低十字大梁对空间造成的压迫感，藉由天花板层次堆栈手法而弱化了视觉。对称分割的门片柜体及贯穿厨房、吧台、餐厅、玄关的隐藏轴线使得各空间领域有了无形中的秩序。

在风格设计上：沉静内敛的仿清水模墙面搭配充满生气的绿色植栽、粗旷冷冽的铁件元素搭配温润木质格栅。考虑屋主喜好、性格、材质、动线、机能等各方面需求后，以灰与白为基底再点缀些许木质调性，呈现清爽无拘、温润的空间感受、营造出舒适、自在的现代日式禅意生活美学。

家具搭配

沉静内敛的仿清水模墙面搭配清爽无拘的白色沙发，奠定整个客厅的基调。粗旷冷冽的铁件元素搭配温润木质的家具组合在空间中随处可见，为空间注入复古的情怀。吧台与木质餐桌的组合，让厨、餐、客三个区域自成一体又彼此交融，使得原本无光的餐厨区域明亮起来。

材料运用

原本采光极差的餐厅空间，经由设计师巧妙之手，借着半开放格局的书房休闲区域，再加上顶部天花板层次堆栈的手法，轻易塑造明亮通透的开阔感；更衣室采用铁制的衣架，一直延伸至木质吊顶之上，搭配木质的矮收纳柜，在灯带的掩映下，营造出整体空间的朴素静谧的氛围。

软装配色

以灰与白为基底再点缀些许木质调性，营造出沉静优雅的空间氛围。除此之外，设计师还巧妙的运用了小面积的亮色来点缀空间，如客厅和卧室黄、蓝亮两色抱枕，及随处可见的绿植，给温润的空间注入一丝活力与热情，营造出舒适、自在的现代生活美学。

配饰元素

民族风的挂画、绿植盆栽、蜡烛等元素的运用，在工业风的室内起到不小的烘托点缀的作用。其中，在以黑白色为基调的客厅空间，绿植盆栽为室内带来一抹生机，烘托起朝气蓬勃的氛围，让整个空间显得十分静谧自然，也呈现出更加丰富的状态。

从小怀抱翱翔天际的屋主，喜欢自由无界限的生活，工作总可以离开地面投入自己最爱的天空飞翔，回到地面后却总觉得生活空间太多的拘束，在三房两厅的格局里都是墙壁都是阻隔，所以趁着单身打造一个属于自己的无界限住所。

项目地点：中国台湾省台中市
项目面积：72.7平方米
设计机构：大秝设计
主设计师：刘映辰
摄影师：Hey！Cheese

平面布置图

主要材料

薄片板岩、木皮、仿清水模

材料运用

客厅电视墙采用的板岩石皮，它那与众不同的纹路，毫无规则的拼贴方式，搭配上玻璃轻盈的特质，让空间的氛围迅速沉稳下来，既显环保自然，又充满质感；主卧则以整面的清水模涂料，搭配直条纹玻璃的铁框隔屏，极具简约美感；浴室墙面张贴六角型马赛克砖，局部采用灰黑白三色的六角砖拼贴地面，雅痞之中带有浓浓的工业风气息。

设计说明

项目位于台中市大雅区的 30 年华厦，小三房的格局需要先破后立，拆除所有的砖墙隔间，仅保留浴室需要的墙面，空间则尽可能开放。设计上采用一加一大于二的方式，将空间一分为二，客厅与厨房为一开放区，卧室与浴室为私密的一区，中间以拉门及玻璃隔间区隔，当拉门打开时空间产生加乘的效果，没有阻隔的墙面，只有大空间的生活。

将空间的主墙面由电视墙反转至背面的活动隔屏，利用直条纹玻璃成为这面墙的主角，随着走动光线透过玻璃的反射及折射营照出属于单身的简约氛围，电视墙面采用板岩石皮，兼顾环保与质感的特性，每一片都有着与众不同的纹路，加上不规则的拼贴方式，同时综合玻璃轻的特质让空间氛围沉稳许多。整体空间以黑灰色为主要色系，从玄关的水泥板墙面，延伸进客厅的柜子以黑色系木纹让空间更静更有质感。

家具搭配

黑色的皮质沙发创造出一种沉稳的氛围，与之相呼应的圆几小巧不失质感。厨房区域，L 形收纳柜直接延伸连接电视背景墙，为公共区域增加了视野的连接，合理的半开放式设计显示出空间强大的收纳功能，又让主人的兴趣爱好得到了充分的展示。

采光照明

设计师通过拆除所有室内的砖墙隔间，以拉门及玻璃隔间为公私领域区分间隔，意图开放整个空间，让室内的自然采光有所增强。室内厨房运用造型简约的水泥色吊灯，与充满质感的黑色石材台面相互映衬，在灯光余辉之下，黑与白彰显出低调的奢华感。

软装配色

整体空间以黑灰色为主要色系，从玄关的水泥板墙面，延伸进客厅的柜子以黑色系木纹让空间更静更有质感，主卧以整面的清水模灰色调表达出单身男性追求简约却不简单的生活态度。浴室部分采用六角砖灰黑白三色拼贴地面，将雅痞的一面留在看不透的空间。

当夜幕降临时，主卧透出的暖黄灯光打破空间中的冷寂，为整个空间覆盖上一层浅浅的暖意。

沐光框景

此案是位于林口高尔夫球场旁的三十年自建老宅，屋主是土生土长的林口在地人，原本基地应该拥有绝佳的采光与风景，可惜过去在建造房屋时并未将其优越的地理环境条件考虑进去，如今屋主们都已长大，也纷纷成家立业，而长辈们也渐渐年老，原本透天老宅无电梯的设计也让长辈们感到十分不便。

项目地点：中国台湾省桃园市

项目面积：195平方米

设计机构：二三设计

主设计师：张佑纶 陈俊翰 温奕谦

摄影师：李柏毅

1. 電梯玄關入口 2. 公衛浴 3. 客廳 4. 廚房 5. 書房 6. 樓梯間 7. 主臥室 8. 主臥更衣室（小） 9. 主臥更衣室（大） 10. 主衛浴 11. 次臥室 12. 次臥更衣室 13. 次臥衛浴

主要材料

涂装木皮板、钢刷柚木、栓木、胡桃木、银河灰石、蓝木纹石、赛丽石、铁件、不锈钢、镜面板、烤漆、灰玻璃、灰镜、长虹玻璃、磁砖、壁纸、皮革、超耐磨木地板、订制家具

设计说明

藉由这次的全面翻修改造计划，我们团队首要帮屋主们解决房屋动线、采光不足、三代同堂空间不够等居住问题。设计师除了申请了电梯设施来改善老人出行，还打破原有规划格局，通过大面的开窗设计及合理的动线规划，于是原有的闭塞空间焕然一新。光线进来了、空气流动了、风景框住了，家中每个面向、每个时刻都是无限美好的风景，全家人温聚在此，心也更加温暖。

由于整栋楼层为三代同堂、一层一户的居住空间，屋主们平常都会到一楼餐厅空间与家人一同用餐，因此在屋主主要居住的三楼这层则设计成开放式厨房的轻食空间，满足女屋主一直以来的梦想，让阳光洒落于客厅与开放式厨房的空间，惬意的午后阳光，享受单纯美好的时刻。

材料运用

在客厅空间，设计师运用银河灰石做局部电视墙面材料，搭配拥有细腻材质的民族风地毯，整个空间有着浓厚的复古气息，给人一种深沉之感；在浴室空间则采用黑白色色系的天然石材覆盖墙面、浴缸，富有时尚的现代韵味，透露出工业风与时俱进的潜质。

灯饰照明

自然采光上，设计师利用长廊贯穿整个空间，还将三楼设计成开敞式空间，从而增强了客厅与开放式厨房的自然采光。人工照明上，餐厅餐桌上方搭配天然钢刷柚木材质的吊灯，自然质朴，设计感十足，灯光也让空间变得有趣起来；卧室采用光线柔和的悬臂灯搭配白色铁艺沙发椅，富有浑厚的工业感的同时，也满足了主人休憩、看书需要。

空间规划

此案是位于林口高尔夫球场旁的三十年自建老宅，考虑到老人行动方便，设计师增建电梯设施改善长辈行动不便的问题。老宅所处的地理位置拥有绝佳的风景和采光，但是缠绕的动线让这些资源因此浪费，所以设计师推掉了原来的动线，用一条长廊贯穿整个空间，并在各个空间大面开窗，引进更多自然光线与流通的空气，让原本阴郁闭塞的空间瞬间明亮清爽起来。

ARMANI

大器而不匠气的样板房

本案为建商实品屋，顺应业主提出的国外轻装修模式，利用德厨旗下代理的进口家具家饰，结合异材质混搭的手法，让空间大器而不匠气，满足年轻换屋族群的喜爱。

项目地点：中国台湾省高雄市
项目面积：168.5 平方米
设计机构：千彩胤设计公司
主设计师：李千惠

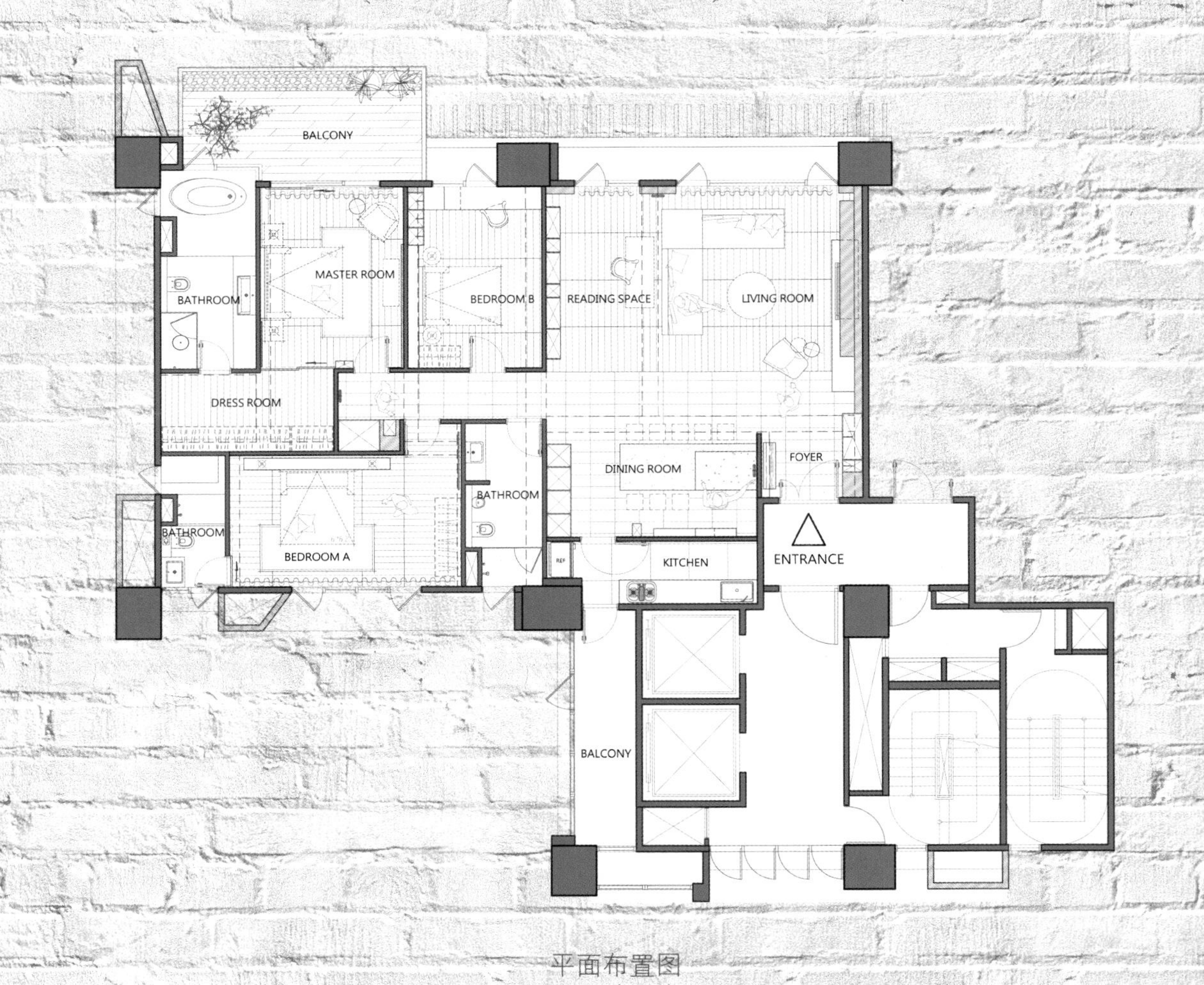

平面布置图

主要材料

天然木皮、清水模漆、特殊漆、可乐石、铁件、超耐磨木地板

设计说明
空间内维持既有的格局配置，避免大兴土木，利用机能强大的系统家具，视觉效果最直接的油漆、石材、木质元素，搭配高质感的家具及家饰软件，达到丰富空间层次的效果。公领域内藉由石材、清水模漆、钢刷木皮等多媒材的搭接，描绘出轻工业风的氛围，私领域也有异曲同工之妙，带入格栅、铁件元素，打造出轻日式和风的主卧空间。

公领域
没有多余装饰的天花和壁面，使用清水模漆围塑原始的氛围，藉由木质地坪串联客厅和书房场域，在对比的质地中，以跳色的沙发带来画龙点睛的效果。

餐厅
以切割的银月石材拼贴出主墙视觉，形成中国泼墨山水的意境，让中岛自墙面延伸出餐桌，创造出开放式的轻食区。

主卧室
床头壁面喷石头漆流露出自然感，并与井然有序的格栅做完美衔接，同时和窗台的格栅推门相呼应，为空间注入轻日式和风。
床尾壁面运用石头漆连接木作质地，展示柜则以铁件打造，格栅推门内隐藏更衣室，形成丰富的立面表情，带来多变的视觉层次。

软装配色

整体灰色调的公共区域，中心区域用深蓝色的沙发让真个空间有了一个视觉的重心点，白色的抱枕和盆栽为空间注入一丝轻盈之感。沙发背后的黄色打破整体沉静的空间感受，唤醒空间的活力。私域空间则延续整体冷调的色彩运用，仅用台灯之类的小件物品色彩作为点缀只用。

配饰元素

本案主要运用绿植盆栽、装饰画、特色摆件等配饰元素来装饰点缀室内空间。来到客厅，便会见到一丛丛枝丫修长的绿植，身形如少女般摇曳多姿，无论是搭配各色柜体的台面，还是直接摆放在木质地板上，都极具工业风自然朴素的风韵；卧室中不论是主卧，还是次卧，都采用装饰画、特色摆件加以装饰点缀，烘托出私人领域的丰富情致。

材料运用

结合油漆、石材、木质元素为一体的住宅空间，搭配质感十足的家具及家饰软件，巧妙地取得丰富的层次感。公共空间采用清水模漆结合木质元素的天花，与天然石材拼接木质地板相互衬托，搭配可乐石打造而成的电视背景墙，不同材质之间的互相渗透，营造出轻工业风的氛围，彰显出主人不俗的品味；私人空间加入格栅、铁件元素，与公共领域的形塑如出一辙，从而渲染出轻日式和风的民族风范。

卧室 A
床头板饰以木纹清水模漆，设置矮柜形成艺术展演的效果，藉由特别的设计巧思，创造弹性丰富的机能设计。

卧室 B
为消弭梁体，藉由垫高床头规划收纳机能，并运用畸零地设置铁件展示柜，加入天然石材和清水模漆点缀，提升空间的质感。

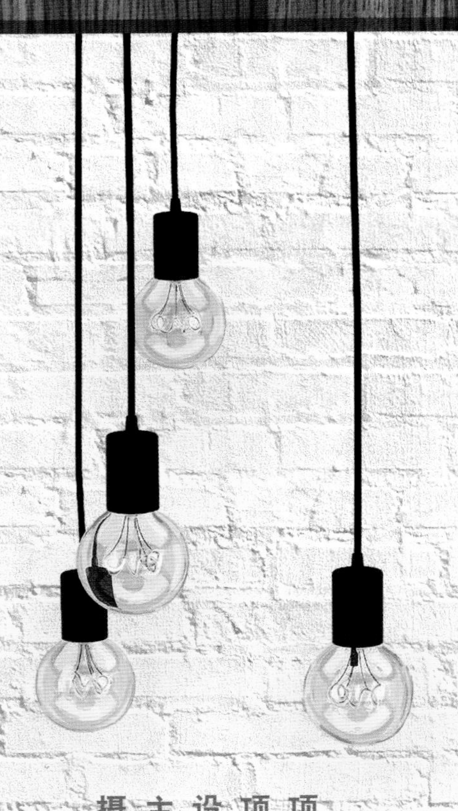

仓库住宅 HM

2017 年 8 月 17 日，香港。Lim+Lu 新近完成的改造住宅隐藏在一片工业区中，却舒适如天堂。这个 2600 平方英尺的空间改造前是一个仓库。业主要求 Lim + Lu 在保留空间原有的粗犷感的同时，将其改造成一个可容纳他们现有的家具及旅游纪念品的住宅和创意工作室。

项目地点：中国香港
项目面积：242 平方米
设计机构：Lim + Lu 林子设计
主设计师：卢曼子 林振华
摄影师：Nirut Benjabanpot

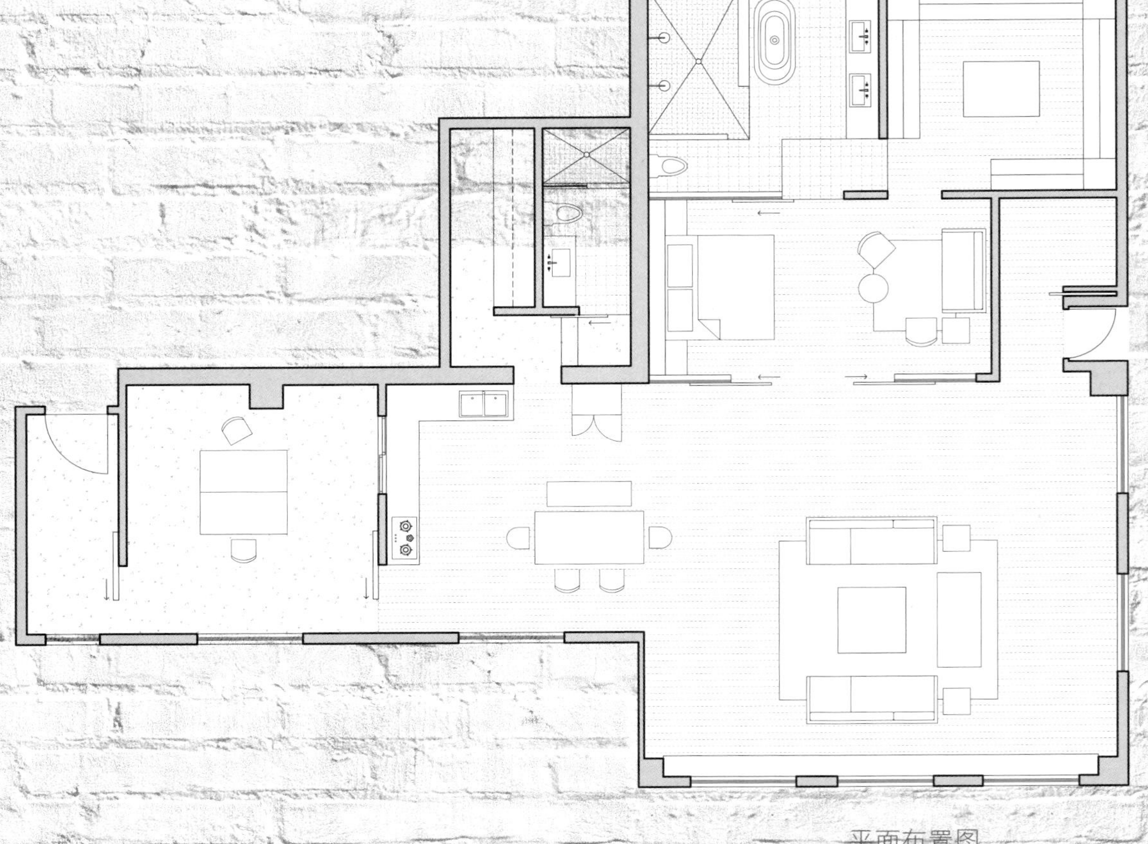

平面布置图

主要材料

金属钢管、混凝土、木板、瓷砖、马赛克

毛主席在大风大浪中前进
weddings

空间规划

本案例隐匿于香港岛南部的繁华工业建筑群中，业主是一对多才多艺的热爱艺术的夫妇，热爱小动物，也爱举办各种绘画和烘焙研习班，为此该住所的设计留有充裕的空间，足以容纳各种研习班以及五只宠物的自由活动。改造前的空间是完全开放的，没有分区，未隔出厨房或卫生间，且整个空间只有一面临窗。为了更好的引进阳光和方便业主活动，设计师将空间规划为公、私两个部分。工作室和厨房都安排在距离入口最近的地方，卧室和主卧则处于入口最远的地方。由于私人空间缺少窗户，设计师使用钢铁和玻璃推拉门来给卧室和主卫引进阳光。当这些门全部推开的时候，私人空间和公共空间便变成一个和谐的大空间。

设计说明

Lim + Lu 认为好的居住空间设计应能体现居住者的性格及特点，并讲述他们的故事。业主在定居香港之前曾在多个国家生活过，纽约则是给他们留下最深印象的地方。Vincent Lim 和 Elaine Lu 深谙纽约这座城市的吸引力，因为他们也曾在曼哈顿生活过好些年。该项目最大的挑战是，在香港营造一个可以让他们回忆起心心念念的纽约的地方。

Lim 说道：“我们在进行空间设计时全面考虑到了项目周围环境和居民。对于这个项目，项目地址毗邻工业中心且业主对纽约有着很深的情结。我们觉得这是一次融合东西方文化的最好机会。” Lu 补充说道：“我们借鉴周围的工业元素，并将它们穿插使用在纽约阁楼的设计理念中。当你置身于室内，在不向窗外看的时候，就犹如置身于曼哈顿下东区的阁楼中。当你望出窗外，又立刻回到了香港。在香港设计一个仓库类型的纽约阁楼的想法看起来很不寻常，然而它却最能毫无违和感地融入周围的工业环境。”

改造前的空间是完全开放的，没有分区，未隔出厨房或卫生间，且整个空间只有一面临窗。而业主特别热衷于社交，喜欢举办各种烘焙课和宴会，还养了五只宠物，如何规划布局才能更好地引进阳光和方便业主各种研习班的活动又为宠物提供自由空间，对 Lim + Lu 来说是一大挑战。

Lim + Lu 的解决方法是将空间分成两部分——私人的和公共的。穿过一扇老旧的未做任何改动的工厂大门，你来到了最迷你的仅包含了一张长凳和一个鞋柜的玄关。推开工业推拉门展现在眼前的是一个摆满了用品的工作坊。出于业主隐私的考虑，当他们举办研习班时，整个空间乍眼一看似乎只有一个工作室。然而，细看之下，到访者可通过工作室的后墙上的一扇窗户一窥隐藏的居住空间。推开第二扇推拉门，一个宽敞明亮的居住空间一览无遗，在寸土寸金的香港，这样的空间是少之又少的。

软装配色

在天花板、墙面整体为白色调的情况下，设计师在天花板用选用了红色的钢管，打造充满活力的空间，展现业主热情好客的性格。靠窗的墙面留给了书架，各色书籍和收藏品摆放其中，也成为点缀空间的一点亮点。卫生间淋浴间则选择了沉静的蓝色瓷砖，让忙碌了一天后业主能在静谧美好的空间中获得彻底的放松。

配饰元素

客厅绿意盎然的盆栽形态各异，大小不一，点缀于桌面、台面、地面各处，搭配造型别致的中式神兽摆件、陶器，更加丰富居室环境；充满中国时代特色的装饰画无论是摆放在收纳件上，还是直接放置于地面上，都让家里充满浓重的民族风特色。

材料运用

整个空间采用裸露的天花板搭配红色金属管道，工业感极强；其中，客厅采用做旧木质地板搭配白色家具，十分吻合工业风粗犷的美感；浴室木饰面洗手台搭配局部深棕色、蓝色瓷砖墙面，以及温润非常的瓷砖地板，活跃整体气氛。

木石交错 渲染大宅 非凡气度

木与石的原生肌理，在垂直与水平处蔓延交错，交融出大宅的不凡气宇及自然张力，千彩胤空间设计从屋主从事制纸相关产业角度切入，并透过深切沟通，揣摩出大器轩宇的风格喜好，以自然石材与实木包覆修饰梁柱并串联场域，铺展质感品味。

项目地点：中国台湾省高雄市
项目面积：198.2平方米
设计机构：千彩胤设计公司
主设计师：李千惠
摄影师：刘欣业

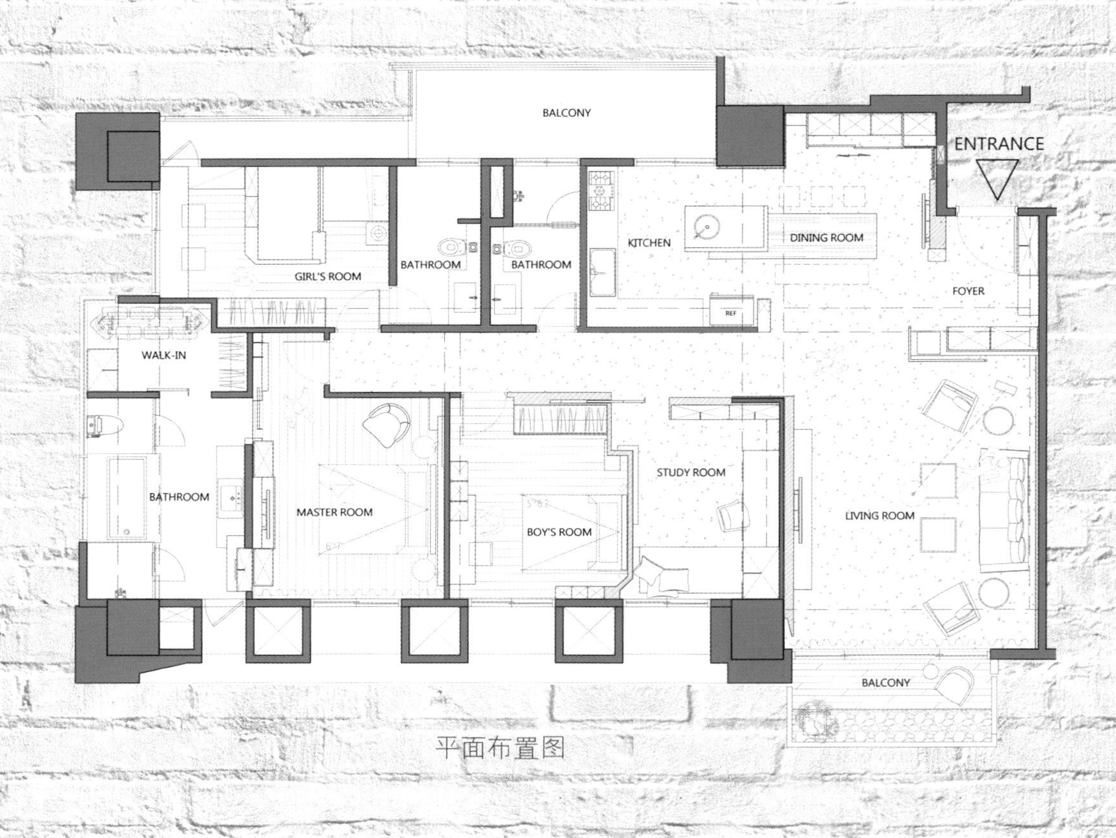

平面布置图

主要材料

缅甸柚木桌板、钢刷烟熏橡木、蕾丝水染木皮、桧木企口板、香杉企口板、石材、可乐石、铁件、钛金、结晶钢烤漆

设计说明

独立的玄关设计，同时将电表箱隐藏在沿墙配置的黑色格栅门扇内，而客厅则透过屋主喜爱的安格拉珍珠大理石定义主墙表情，斑斓的纹理加上设计师刻意修饰切割的线条，突显梁体的特殊性，更见几何线条美学。

休闲多元的木作语汇延伸进私领域中，在主卧房中移除庞杂线条，保留休憩的纯粹机能，而在男孩房中运用系统柜构筑充裕的收纳使用机能，另在书桌墙面铺述蓝色烤漆呼应床头主墙，统一整体色系；两个小女孩共享的女孩房为保留屋高，局部修饰天花以轻工业风呈现，从色系表现女孩感气息。

材料运用

客厅石材地面延伸处，加以修饰线条的安格拉珍珠大理石主墙面，丝毫没有遮盖住其纹理的多彩斑斓，彰显出梁体的特殊构造与几何线条的设计美感。大理石墙面与木质悬梁在垂直与水平处交织融汇，木的纹路与石的肌理，在此时此刻蔓延出大宅与众不同的气度及自然张力。木作词汇的多元性，在不经意间从公共领域延伸进私人领域，主卧室空间摈弃复杂的线条，注重起休憩的功能需求，不论是木质的系统柜，还是木制书桌，都在展现着木材简单的线条美感以及非凡的实用性。

空间规划

全开放的公共空间，设计师在入门处加设餐厅电视墙，作为玄关处的隔断，让就餐时间也能获得娱乐放松。为了呈现更无整到位的风格语汇，克服搬运难题，沉重庞大的实木餐桌与中岛吧台连接一体，形成整体空间区域，餐厨上方则用木质横梁作为厨房和餐厅的空间划分。餐厨与客厅之间没有任何隔断，而是在墙体中间嵌入红酒收藏收藏架作为区域的分界。

女孩房
透过上下铺的规划，与书桌、衣柜机能的整合，小房间一样拥有完善机能。

男孩房
充分运用畸零角落，以系统柜打造机能完备的男孩房。并呼应蓝色系床头主墙，书桌墙面亦采相同色系烤漆玻璃与之搭配。

主卧室
简化主卧房机能，保留纯粹的卧眠休憩机能。可弹性开阖的门片，依照风水将电视隐藏其中。

主浴室
坪数充裕的主卫浴空间，拥有完善的四件式卫浴规划。

书房
为让屋主也能在家中控制公司系统，千彩胤设计师将文书事务设备隐藏在窗边大型柜体内，并规划单人床大小卧榻，可作为客人留宿的客房使用。

CINDERELLA
LOUIS VUITTON

ANOTHER MAGAZINE
LOUIS VUITTON
CINDERELLA
LOUIS VUITTON

鸣谢

诺禾空间设计

北欧建筑

大秝空间设计

甘纳空间设计

里心空间设计

Lim + Lu 林子设计

庵设计

尔声空间设计有限公司

二三设计

贺泽设计

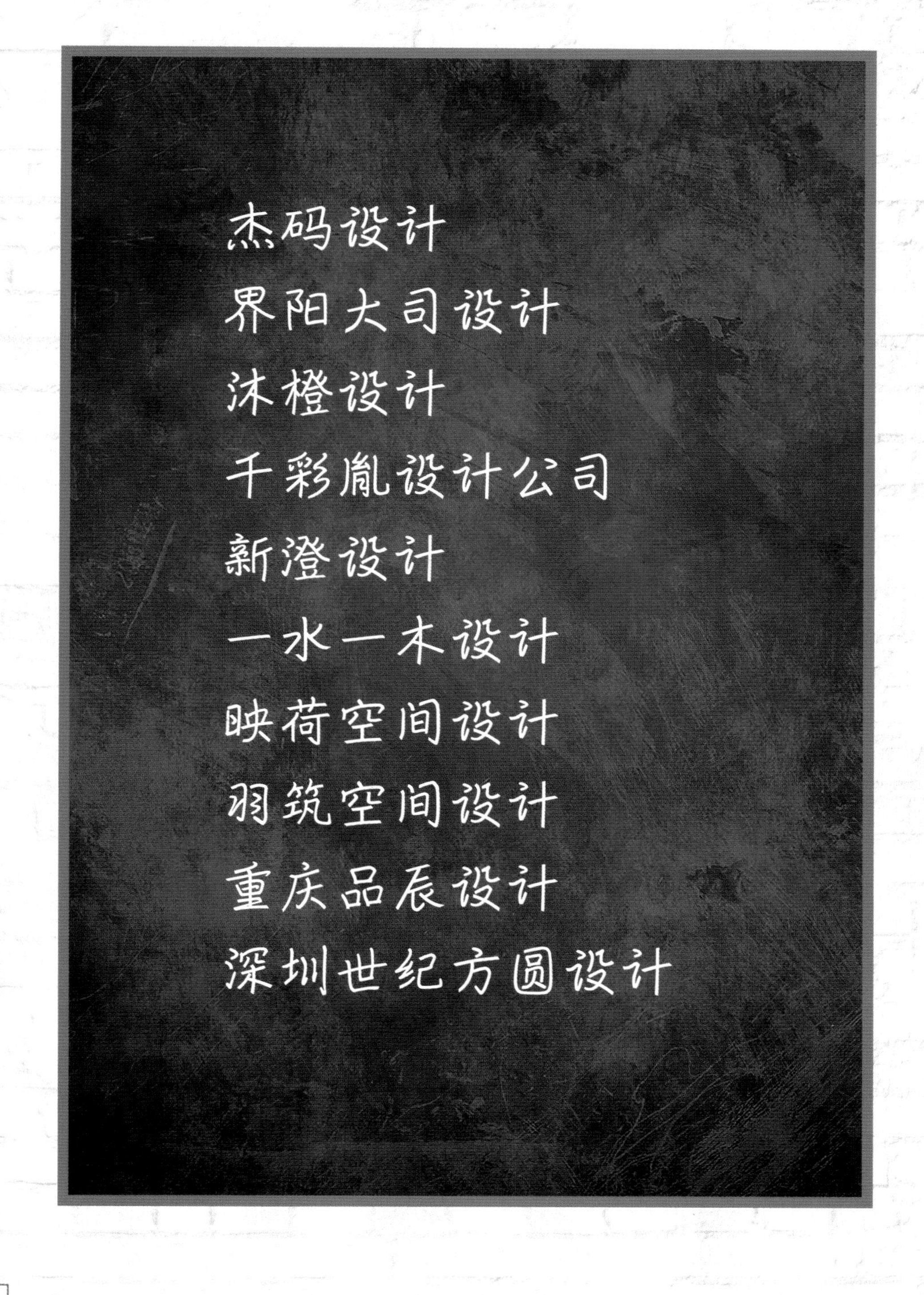
杰码设计
界阳大司设计
沐橙设计
千彩胤设计公司
新澄设计
一水一木设计
映荷空间设计
羽筑空间设计
重庆品辰设计
深圳世纪方圆设计

图书在版编目（CIP）数据

工业风创意家居 / 先锋空间主编 . -- 北京 : 中国林业出版社 , 2018.2
ISBN 978-7-5038-9419-0

Ⅰ . ①工… Ⅱ . ①先… Ⅲ . ①住宅－室内装饰设计－图集 Ⅳ . ① TU241-64

中国版本图书馆 CIP 数据核字 (2018) 第 017911 号

工业风创意家居
主编： 先锋空间

中国林业出版社
责任编辑：李顺　薛瑞琦
出版咨询：（010）83143569

出 版：中国林业出版社（100009 北京西城区德内大街刘海胡同 7 号）
网 站：http://lycb.forestry.gov.cn/
印 刷：深圳市汇亿丰印刷有限科技有限公司
发 行：名筑图书有限公司
电 话：（022）58603153
版 次：2018 年 2 月第 1 版
印 次：2018 年 2 月第 1 次
开 本：889mm×1194mm　1 / 16
印 张：20
字 数：200 千字
定 价：398.00 元